高职高专建筑设计专业系列教材
省级重点专业建设成果

建筑装饰设计

主　编　郭莉梅　李荣华
副主编　牟　杨　高　杰
参　编　李沁媛
主　审　冯　翔　黄东标

中国轻工业出版社

图书在版编目（CIP）数据

建筑装饰设计/郭莉梅，李荣华主编. —北京：中国轻工业出版社，2022.8

高职高专建筑设计专业“十三五”规划教材　省级重点专业建设成果

ISBN 978-7-5184-1053-8

Ⅰ.①建…　Ⅱ.①郭…②李…　Ⅲ.①建筑装饰—建筑设计—高等职业教育—教材　Ⅳ.①TU238

中国版本图书馆CIP数据核字（2016）第185054号

责任编辑：李建华　　陈　萍
策划编辑：李建华　　责任终审：劳国强　　封面设计：锋尚设计
版式设计：宋振全　　责任校对：吴大朋　　责任监印：张　可

出版发行：中国轻工业出版社（北京东长安街6号，邮编：100740）
印　　刷：三河市国英印务有限公司
经　　销：各地新华书店
版　　次：2022年8月第1版第5次印刷
开　　本：787×1092　1/16　印张：10.25
字　　数：240千字
书　　号：ISBN 978-7-5184-1053-8　定价：46.00元
邮购电话：010-65241695
发行电话：010-85119835　传真：85113293
网　　址：http://www.chlip.com.cn
Email：club@chlip.com.cn
如发现图书残缺请与我社邮购联系调换
221168J2C105ZBW

前言

随着高等职业教育的发展，课程体系和教学内容的改革已经成为高职教学改革的重点，而教学内容的主要载体是教材。

本书采用项目化编写体例，全书共包含五个项目，在重要任务处均配有学习目标、设计任务书、工作任务分解、具体的项目案例、项目相关知识。本书具有针对性和实践意义；书中配有大量的工程图片，通俗易懂，直观地把理论知识和实际操作结合起来，增强学生对专业技能学习的兴趣；在内容选取上重视基本概念和理论的阐述，积极引入国内外先进的设计理念，努力培养学生对实际工程的分析问题和解决问题的能力；具体实践项目的确定，以工作过程为主线，以住宅建筑装饰设计、别墅建筑装饰设计、办公建筑室内外装饰设计、餐饮建筑室内外装饰设计、暖通空调设计、照明线路设计、给排水设计为工程案例，把工作过程和工作方法融入工程项目案例中，将工程理论学习和实践训练融为一体。

本书由宜宾职业技术学院副教授郭莉梅、李荣华任主编；牟杨、高杰任副主编；李沁媛参编。其中高杰编写项目一：住宅建筑装饰设计；李沁媛编写项目二：别墅建筑装饰设计；李荣华编写项目三：办公建筑室内外装饰设计；郭莉梅编写项目四：餐饮建筑室内外装饰设计；牟杨编写项目五：建筑装饰水电设计。宜宾美星装饰有限公司总经理、首席设计师黄东标先生，遂宁华宁装饰有限公司总经理、首席设计师刘洪平先生为本书的资料收集、内容编排做出了重要的指导和贡献；本书由冯翔、黄东标主审。全书在编写过程中参考了许多文献资料，对诸位编著者表示最真诚的感谢；还有一些书刊未能一一列出，望请诸位编著者谅解。

本书可作为建筑装饰工程技术专业的教学用书，也可以作为相关专业的参考书。

由于编写时间仓促及水平有限，本书不足甚至错误在所难免，恳请各位专家学者和广大读者给予指正。

编者

2016 年 6 月于宜宾职业技术学院

目 录

项目一　住宅建筑装饰设计

1.1　教学实施方案

1.1.1　学习目标

（1）掌握住宅设计的基本原理，并能够熟练应用到设计实践中。

（2）掌握小型建筑的功能组织和分析方法，培养设计方案的构思能力。

（3）熟悉建筑室内装饰设计的步骤，了解初步设计的过程、内容、设计深度和成果形式。

1.1.2　设计任务书

以《滨江国际李先生家居装修设计任务书》为例。

1.1.2.1　项目概况

（1）项目名称　滨江国际李先生家居装修。

（2）项目地址　宜宾市翠柏大道滨江路。

（3）面积　室内约140m^2。

（4）项目简介　项目所在建筑类别为高层电梯公寓，本项目位于九层。

1.1.2.2　项目定位

（1）装饰风格主题定位　欧式。

关键词：环保、实用、舒适、大方。

（2）功能定位　居家休闲。

（3）客户定位　李先生34岁，全家4口人，男女主人均为职业白领，育有一儿一女。

1.1.2.3　设计总原则

（1）设计范围　室内。

（2）位置及周边概况　项目位于新建成的城区，紧邻金沙江，视野开阔，采光良好。

（3）设计要求　满足生活需要、实用、环保、舒适、大方。

（4）详细要求　具体客户要求见表1－1。

（5）室内预计投资要求　500元/m^2（不含家具、家电及软装饰）。

表 1－1　具体客户要求

功能	具体要求
玄关	入门左侧设置鞋柜，若有能坐下换鞋的座椅更好，入户门采用沙梨木色
客厅	欧式风格罗马柱，电视采用软包壁挂式，家庭影院、音箱（电路改造需考虑）、电视墙插座注意凌乱的电线不要外漏，地面采用地砖，茶几不要玻璃的
餐厅	冰箱、洗衣机放在餐厅，背景墙应与客厅协调，地面采用地砖，餐桌表面也不要透明玻璃的（理由：同茶几保持协调）
厨房	采用整体橱柜，请根据橱柜风格考虑，插座设计充分考虑厨房电器较多，户型改造参照客户选定的橱柜样式
主卧	电视壁挂，在卫生间处设置衣帽间，床要 1.8m 宽的软床，地面采用木地板（颜色不要深色的），注意情调（偶尔有点小浪漫），阳台与卧室改为一体，阳台部分地面抬高，做一地台
儿子卧室	环保、活泼明快、青春，阳台改为地台
女儿卧室	环保、活泼明快、温馨
客房兼保姆房	地面木地板，简洁大方
主卫	1. 干湿分离，采用淋浴； 2. 考虑用仿古砖； 3. 浴室柜采用整体的，台上盆
次卫	1. 干湿分离，采用淋浴； 2. 浴室柜采用整体的，台上盆
棋牌室	将玄关右侧房间开辟为一休闲棋牌室，用材风格与客厅一致
其他	设计时要考虑好各房间的通风

1.1.2.4　设计规范及标准

（1）《建筑内部装修设计规范》
（2）《民用建筑工程室内环境污染控制规范》
（3）《室内装饰装修材料放射性核素限量》
（4）《建筑装饰装修工程施工质量验收规范》
（5）《高级装饰工程质量检验评定标准》
（6）《建筑装饰工程施工验收规范》
（7）其他国家及地方现行相关规范及标准文件

1.1.3　工作任务分解

任务一、方案设计前期准备（表1－2）

表1－2　　方案设计前期准备

内容、步骤	职业技能及方法	学习知识点	考核点
场地分析	1. 培养装饰设计师职业岗位中现场考察的（现场尺寸，上下水位、空调、门窗位、房屋层高、楼梯踏步、阳台露台等）能力； 2. 确定户型结构，丈量实际面积并绘制详细的户型结构图； 3. 测绘资料整理及现场加工的能力	1. 测量客户房屋； 2. 建筑施工图的识读，建立空间概念	1. 户型分析报告或图解； 2. 客户需求分析报告或图解
市场调研	1. 查阅收集相关项目的文献资料，了解有关的设计原则； 2. 对客户年龄、职业、性格爱好做出分析的能力； 3. 与不同职业的客户沟通的能力	通过对客户和潜在客户的主动沟通与了解，帮助客户建立家装的整体构想	

任务二、设计分析与定位（表1－3）

表1－3　　设计分析与定位

内容、步骤	职业技能及方法	学习知识点	考核点
客户信息与设计要求分析	1. 了解客户信息与设计要求分析、场所实际情况的分析； 2. 家装房屋的现场测量数据加工能力； 3. 参阅、收集相关资料，为设计工作的开展做必要的准备	1. 空间分析； 2. 空间调节的方法和手段； 3. 人体工程学知识	1. 设计方案的初步设计定位； 2. 各装饰风格的特点、设计元素的收集分析； 3. 空间功能需求的分析草图； 4. 确定空间功能定位
设计风格确定	1. 设计风格与理念定位； 2. 装饰设计风格体现的能力； 3. 结合空间实际分析情况对空间尺度、形态等进行调节的能力	1. 装饰设计风格的流派与特点； 2. 色彩构成知识	

任务三、草案设计（表1－4）

表1－4 草案设计

内容、步骤	职业技能及方法	学习知识点	考核点
空间初步规划	1. 家庭中各功能区域的合理布局； 2. 解决功能区之间的相互关联、过渡和协调呼应关系； 3. 安排家具和各种设施； 4. 室内的装修风格定位； 5. 能灵活运用空间的类型，对居室空间进行合理布局； 6. 能够合理地组织交通流线； 7. 在满足功能的基础上，恰当运用室内设计要素，设计要适合客户的身份特点	1. 室内空间环境中的感知规律； 2. 室内空间的类型及特征； 3. 室内空间的处理； 4. 室内空间要素的组合 设计草案是室内设计方案最终实施完成的基础，通过对多个具体图形空间形象的对比优选来决定设计发展方向，决定最佳的功能分区和最终的空间形象	1. 空间组织与划分草图； 2. 家具设计与布置草图； 3. 主材选用情况说明； 4. 设计主题的确定及体现主题的手段的确定； 5. 风格造型的确定
空间深化设计	从空间的角度对草案进行细化设计，注意材质的衔接与过渡，材料的选用与其他设计因素要相互依托	了解常见材料在室内设计中的运用方法和技巧，能根据不同的空间性质选择、搭配材料，使之较好地体现空间的使用要求和效果	

任务四、方案深化和图纸绘制（表1－5）

表1－5 方案深化和图纸绘制

内容、步骤	职业技能及方法	学习知识点	考核点
施工图绘制	在草案基础上就空间的合理性、技术性进一步细化，并对立面、顶棚等进行深入设计；结合制图规范进行图纸绘制	施工图设计的基本步骤和方法；施工图设计的要求与内容	1. 居室装饰设计总平面图； 2. 居室装饰设计顶棚图； 3. 居室装饰设计立面图； 4. 预算编制
制作设计文件	根据已批准的初步设计方案进行施工说明书的编制和工程报价的编制	设计说明的编写，平面图、立面图、顶棚图、剖面图、节点详图的绘制和造价预算	

任务五、设计交流与评价（表1－6）

表1－6　设计交流与评价

内容、步骤	职业技能及方法	学习知识点	考核点
设计交流	1. 总结工作过程； 2. 能够提出改进意见； 3. 能够进行资料文件的整理归档	1. 中外建筑装饰简史； 2. 室内设计的风格样式和流派知识； 3. 家具与人体工程学； 4. 制图、色彩； 5. 设计说明等应用文的编写	1. 设计规范、参考资料、素材的收集和查阅情况； 2. 项目文件、学习工具和设备准备情况； 3. 工作程序、进度、内容计划规划情况； 4. 客户需求意向记录情况； 5. 量房数据及现场观测的记录情况； 6. 与人沟通交流情况
设计评价	1. 对工作过程进行自我评价的能力； 2. 对整个项目量化成绩		

1.2　项目相关知识

1.2.1 住宅建筑装饰方案设计前期准备

1.2.1.1　场地分析与市场调研

在进行方案设计前，需与客户进行广泛的交流，了解客户的总体设想及造价、功能、风格等方面的要求，做好各种记录，然后接受委托，根据设计任务书及有关文件签订设计合同。

通过交流，客户不是建筑方面的专业人士，对建筑结构、材料、设备不能做出详尽准确的描述，提供的平面图为房地产开发商的广告宣传户型图，如果不与现场进行核对可能会影响设计的有效性。该图也是通过建筑平面图制作的，所示尺寸与室内设计的各室内空间的净尺寸有出入，同时，必须对各管道、设备等器件的位置尺寸等要有准确的了解和记录，对涉及室内空间改造的墙体、门窗、阳台等的实际情况必须实地观察和了解，如图1－1至图1－3所示。

图1－1　2012级建筑装饰专业学生现场量房

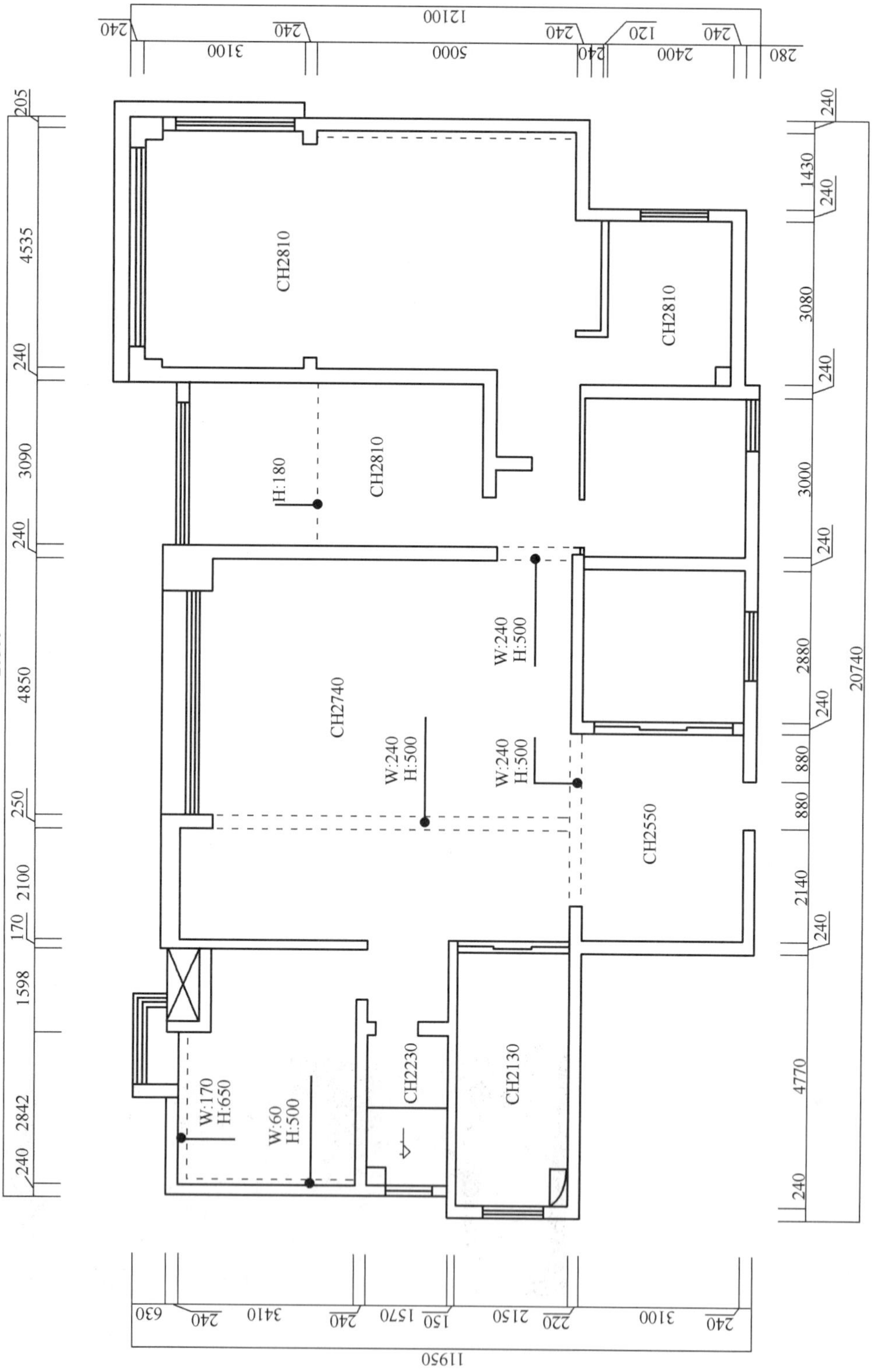

图1-2 原始平面图
（图片来源：美星装饰）

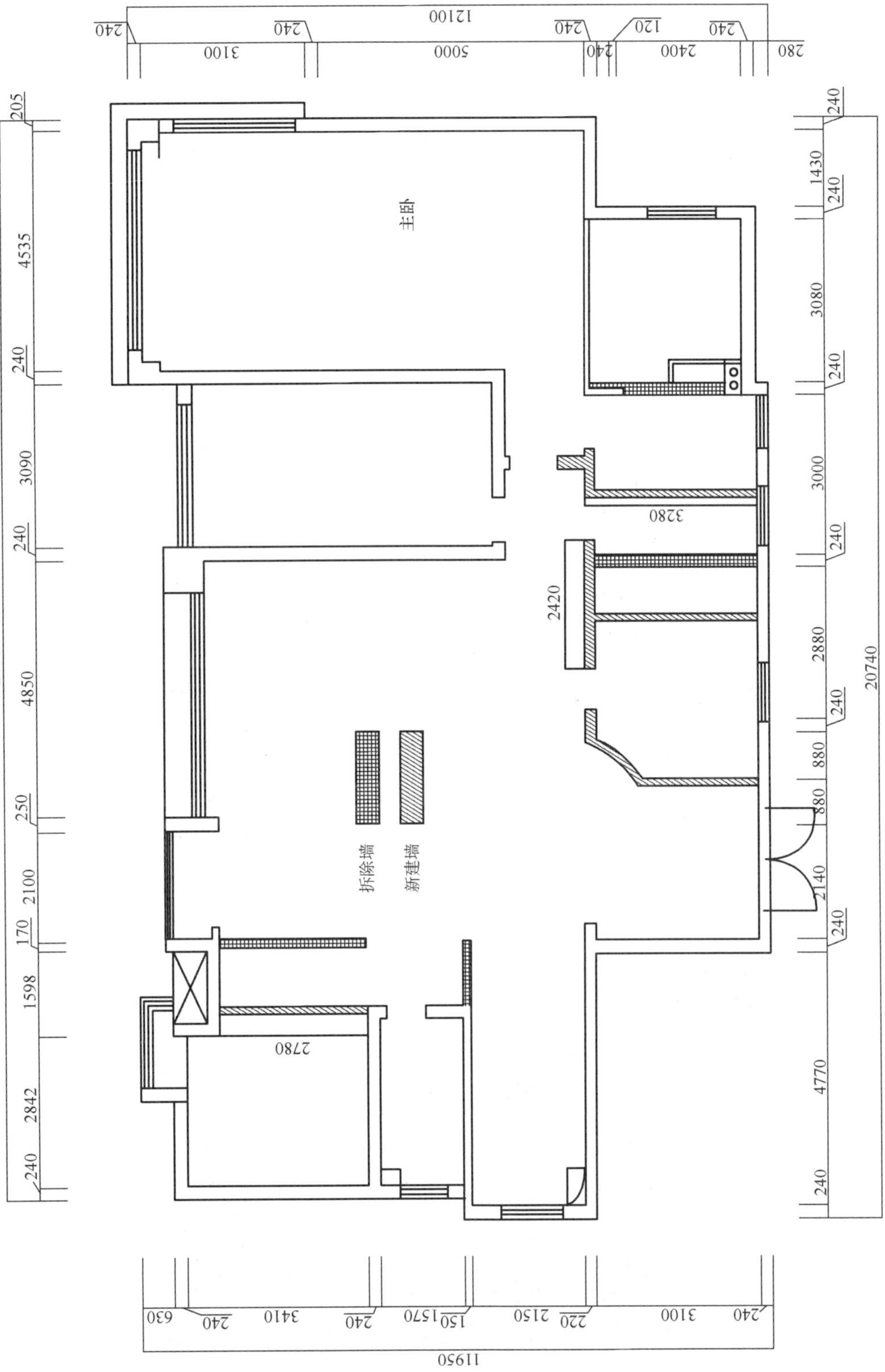

图1-3　经现场量房后绘制的改建图
（图片来源：美星装饰）

1.2.1.2 设计分析与定位

对现场的实地调查测量以及和客户的有效沟通让我们掌握了第一手设计前提信息。

根据客户家庭情况和喜好，装饰风格确定为欧式风格，公共活动区域如客厅、饭厅、棋牌室地面铺仿古砖，卧室均铺装木地板，整体装饰效果为大气、高档。在这里，构思、立意可以说是室内装饰设计的“灵魂”。室内装饰设计通盘构思，就是把家庭的室内环境设计装饰成什么风格和造型特征，先有一个总的设想，然后着手地面、墙面、顶棚的装饰，买什么样式的家具，什么样的灯具以及窗帘、床罩等室内织物和装饰小品。

为了更好地与客户沟通，还应根据客户所表达的意思，收集相关装饰风格的设计资料和同类案例，形象地向客户表述，同时也可以有效地扩展设计思路。如图1－4至图1－7所示。

图1－4 欧式风格会客厅

（图片来源：美星装饰）

图1－5 欧式风格卧室

（图片来源：美星装饰）

图 1－6　欧式风格厨房
（图片来源：美星装饰）

图 1－7　欧式风格餐厅
（图片来源：美星装饰）

在这一步要注意以下方面的问题，它们将直接影响整体设计的成败。

客户对功能的要求怎么样？预算范围大概是多少？风格要求是什么？有什么样的家具配置计划？喜爱什么样的主材及色彩？有什么特殊的要求？其他要求。

1.2.1.3　住宅建筑装饰方案设计

（1）草案设计

室内设计空间形象的表达来自设计者头脑中的概念与构思，在设计草案阶段，设计者的思路是全方位的，考虑的内容也是多方面的，因此需按照一定的步骤和方法，为方案最终的完成与实施奠定基础。

草图设计阶段也叫作概念设计阶段，主要是设计者自我交流的过程。在这个阶段主要从平面功能布局、空间形象的构思、细部设计的语言运用等几方面入手进行设计，包括平面功能分区、交通流向、家具位置、陈设装饰、设备安装等内容。各种因素作用于同一个空间，所产生的矛盾是多方面的，怎样协调这些矛盾，使平面功能得到最佳的配置，是平面功能布局中要解决的难题。只有通过大量的草图构思，经过反复的对比才能得出理想的平面图，如图 1－8、图 1－9 所示。

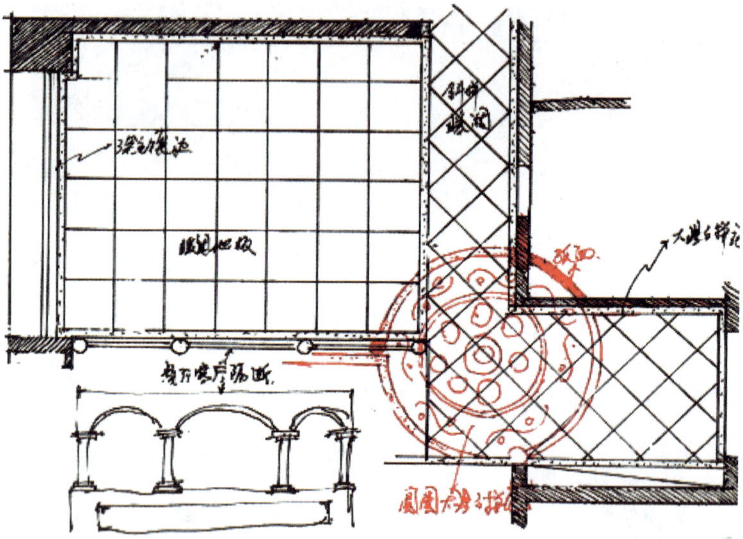

图 1－8　方案草图一

（高杰绘）

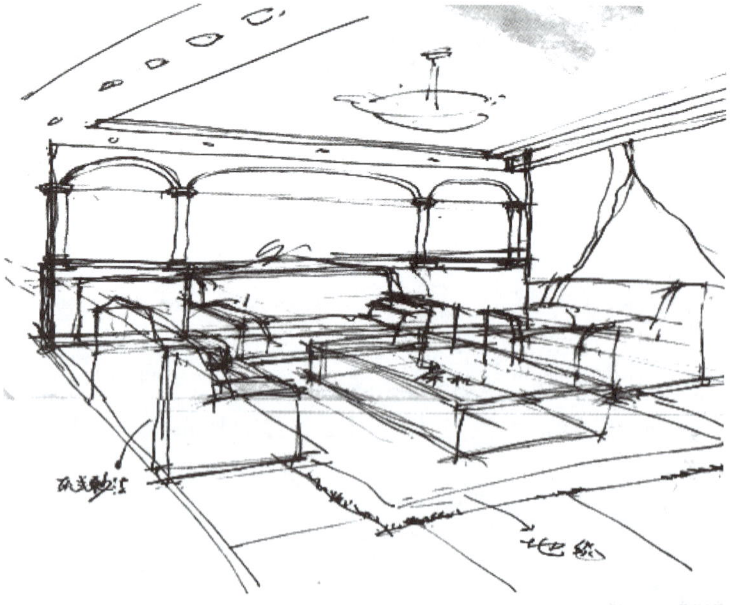

图 1－9　方案草图二

（高杰绘）

细部设计的推敲与归纳，要遵循室内空间所处的特定环境与功能要求，同时又要考虑材料的使用和尺度的运用要合理。图 1－3 为最终确定的空间改造方案。

（2）方案设计

在草案设计的基础上，进一步收集、分析、运用与设计任务有关的资料与信息，进行方案的分析比较。

设计方案的最终目的是通过准确、严谨的表现方式与手段来表达设计者的构思与意图，使客户能够通过图纸、说明或动画等手段全面地了解设计者的意图并感知到最终将要达到的设计效果。

通过与客户的交流，最终确定平面图，并绘制出大致的顶棚图、地面铺装图等，这时方案设计便可通过，如图 1－10 所示。

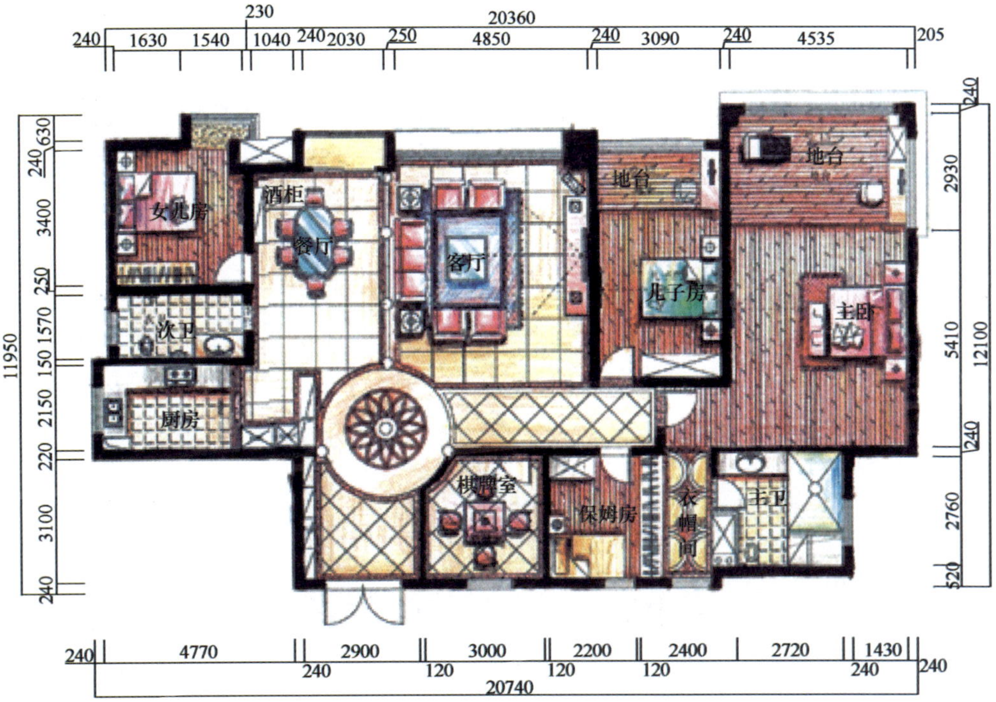

图 1－10　方案草图三

（高杰绘）

1.2.1.4　住宅建筑装饰方案深化和施工图纸绘制

（1）方案深化

在方案设计完成并获得客户认同后，要对该方案进行深化设计。在这一过程中，要了解材料在室内设计中的运用方法和技巧，根据不同的空间性质选择、搭配材料，并根据色彩规律进行室内色彩设计，合理地解决室内色彩设计与其他设计因素之间的关系。合理有效地组织室内光环境，使之较好地体现空间的使用要求和效果，如图 1－11、图 1－12 所示。

图 1－11　客厅效果图
（图片来源：美星装饰）

图 1－12　主卫效果图
（图片来源：美星装饰）

（2）施工图纸绘制及概算编制

施工图的绘制是以材料构造体系和空间体系为基础的，是室内设计唯一的施工依据。如果说草图阶段是以构思为主要内容，方案阶段则以表现为主，施工图阶段就是以标准为核心。一套完整的室内装饰设计施工图应包括以下内容。

①施工图设计总说明。对整套装饰施工图的设计总原则进行比较详细的阐述，对装饰工程中各工种的施工工艺按规范进行要求，特殊的施工工艺要单独说明，对图纸的标识方法也需说明。

②图纸目录。应包含序号、图号、图纸名称、分类、备注五个内容。

③特殊工程说明书。

④装饰面材一览表。

⑤平面图。包括原始平面图及改建平面图。

⑥墙体放线平面图。标明墙体种类及放线尺寸。

⑦索引平面图。标明立面图索引标号。

⑧天花平面图。标明天花的材料、尺寸、标高及灯具的种类。天花灯具、空调定位图。

⑨地面铺装平面图。标明铺地材料的编号及详尽尺寸。

⑩立面展开图。

⑪标准详图（包括所有施工涉及的节点大样）、剖面详图、复杂造型放样图。

⑫强、弱电系统图。

⑬开关插座控制图及位置图。

⑭给排水系统图。

⑮主材、家具、饰品等说明书。

各室内效果图、材料如图 1－13 至图 1－18 所示。

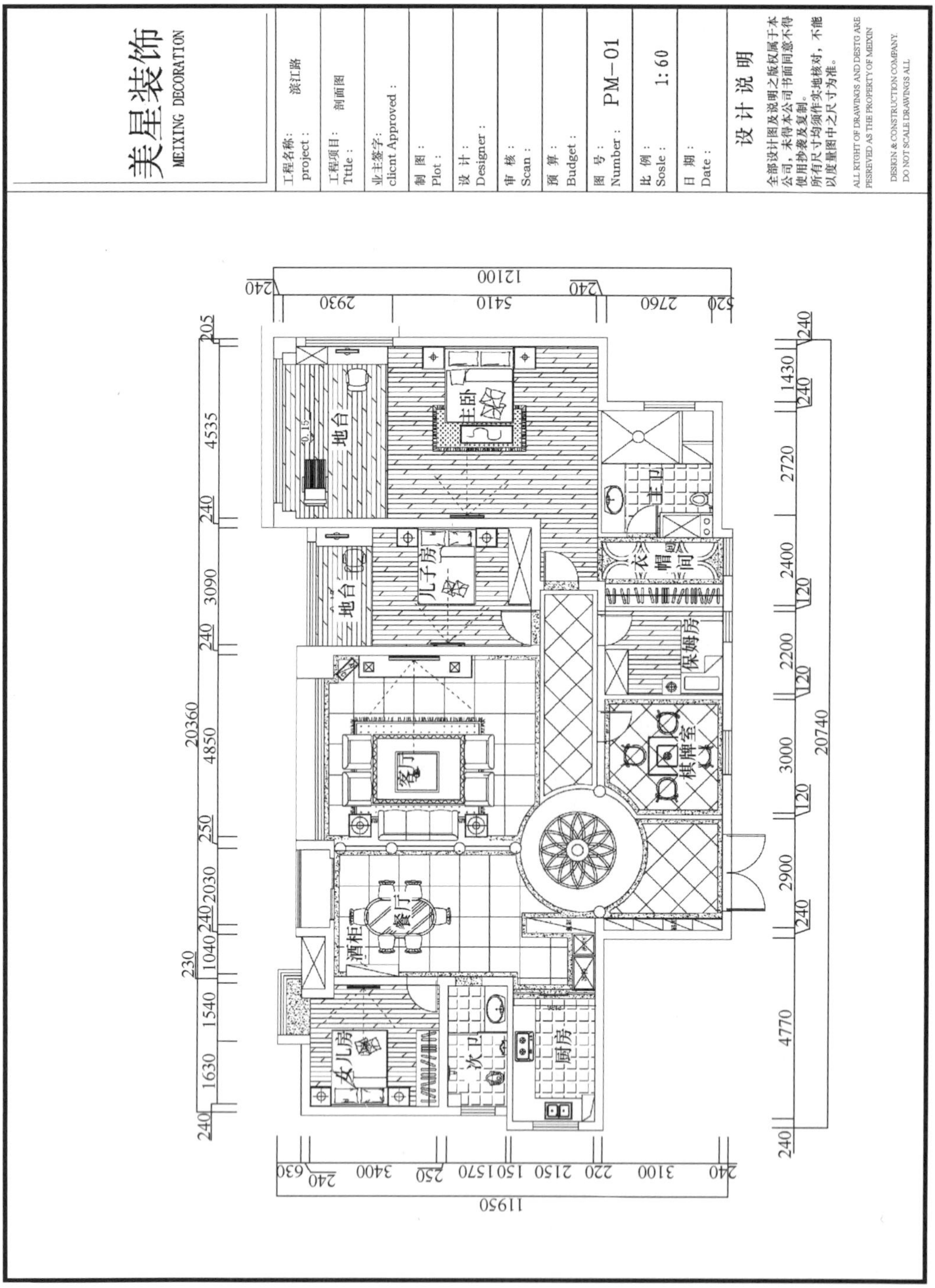

图1-13 平面布置及功能分区
（图片来源：美星装饰）

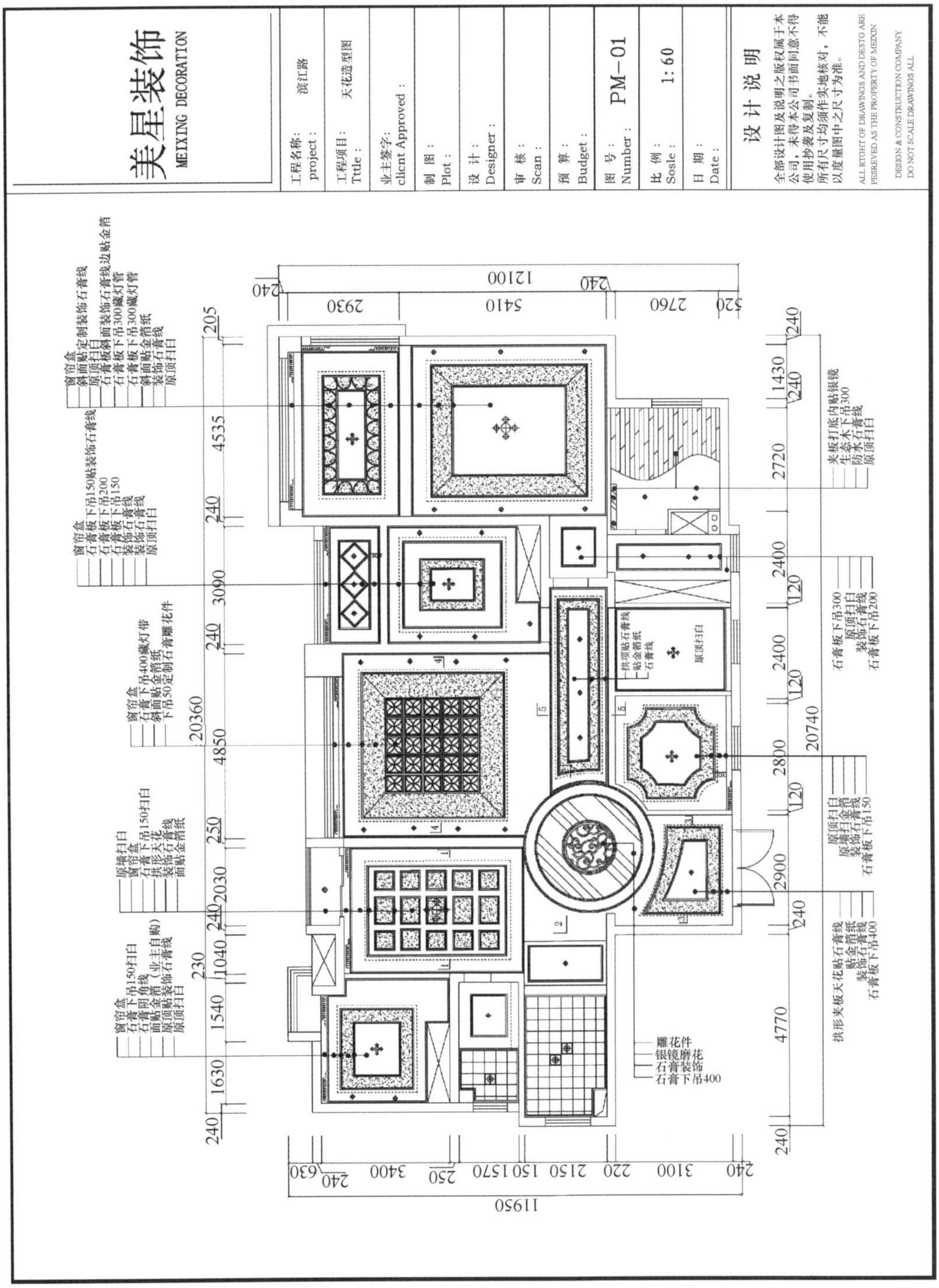

图1-14 天花造型及材料
（图片来源：美星装饰）

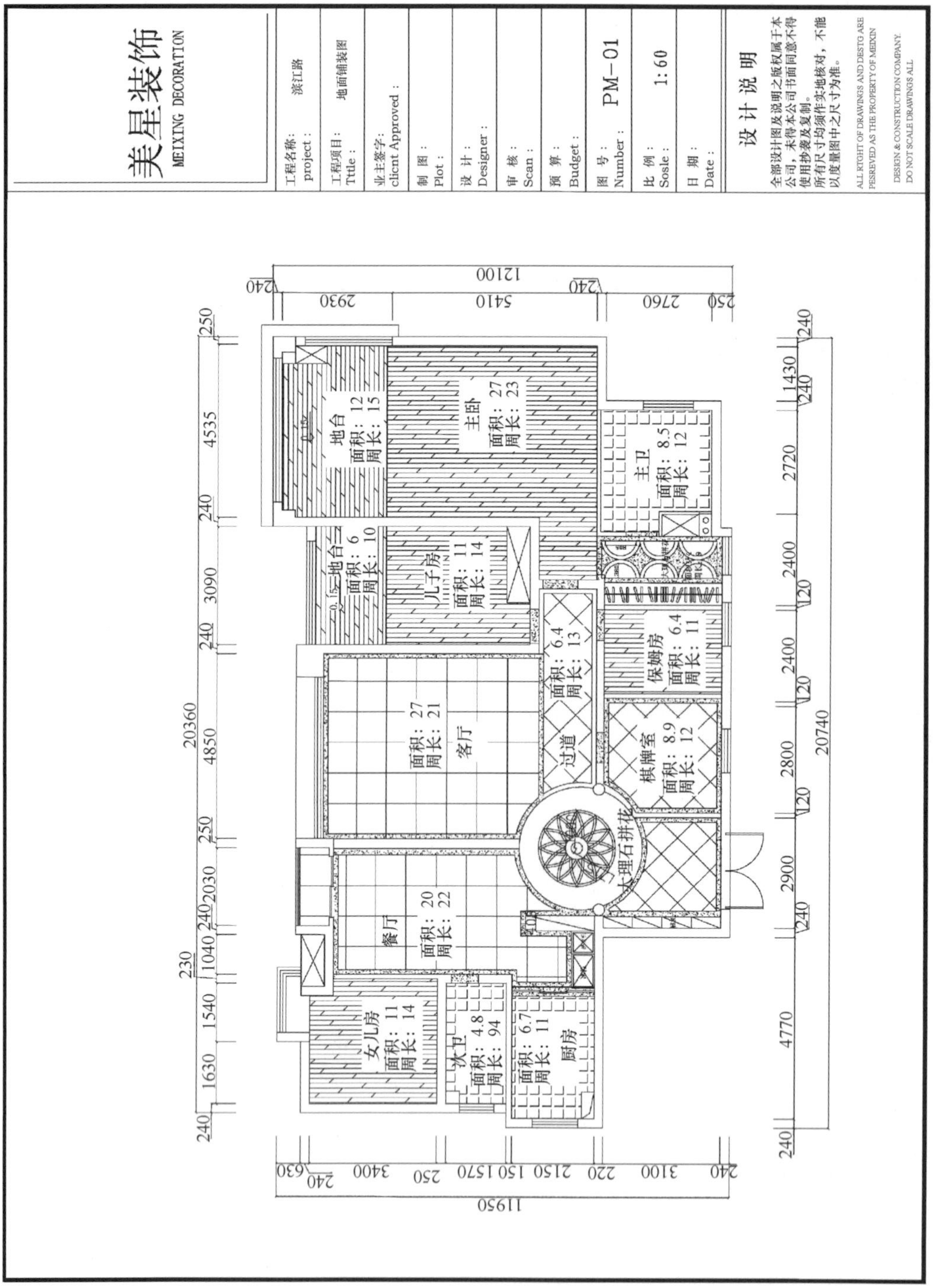

图1-15 地面铺装及材料
（图片来源：美星装饰）

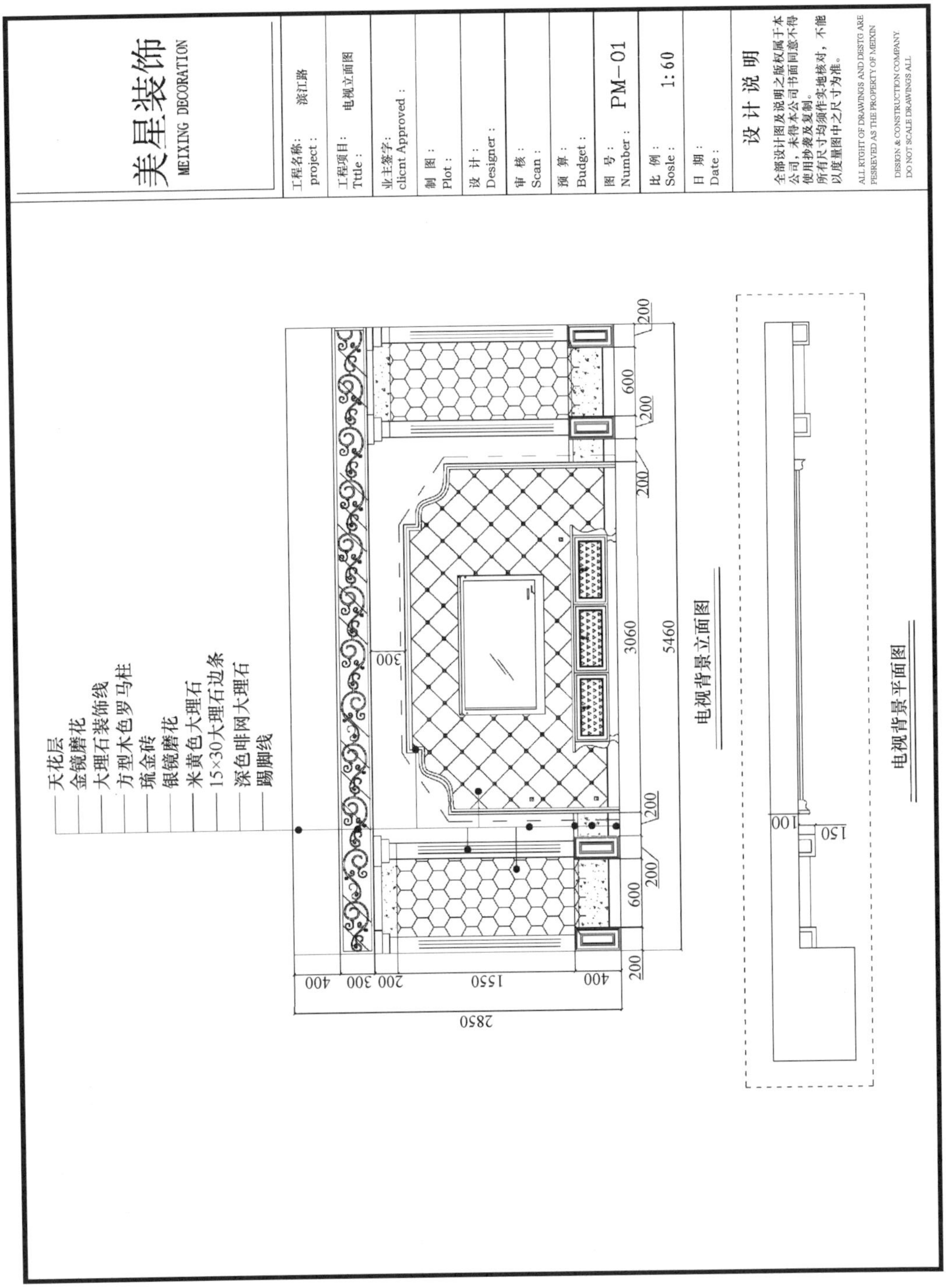

图1-16　电视墙立面图及材料
（图片来源：美星装饰）

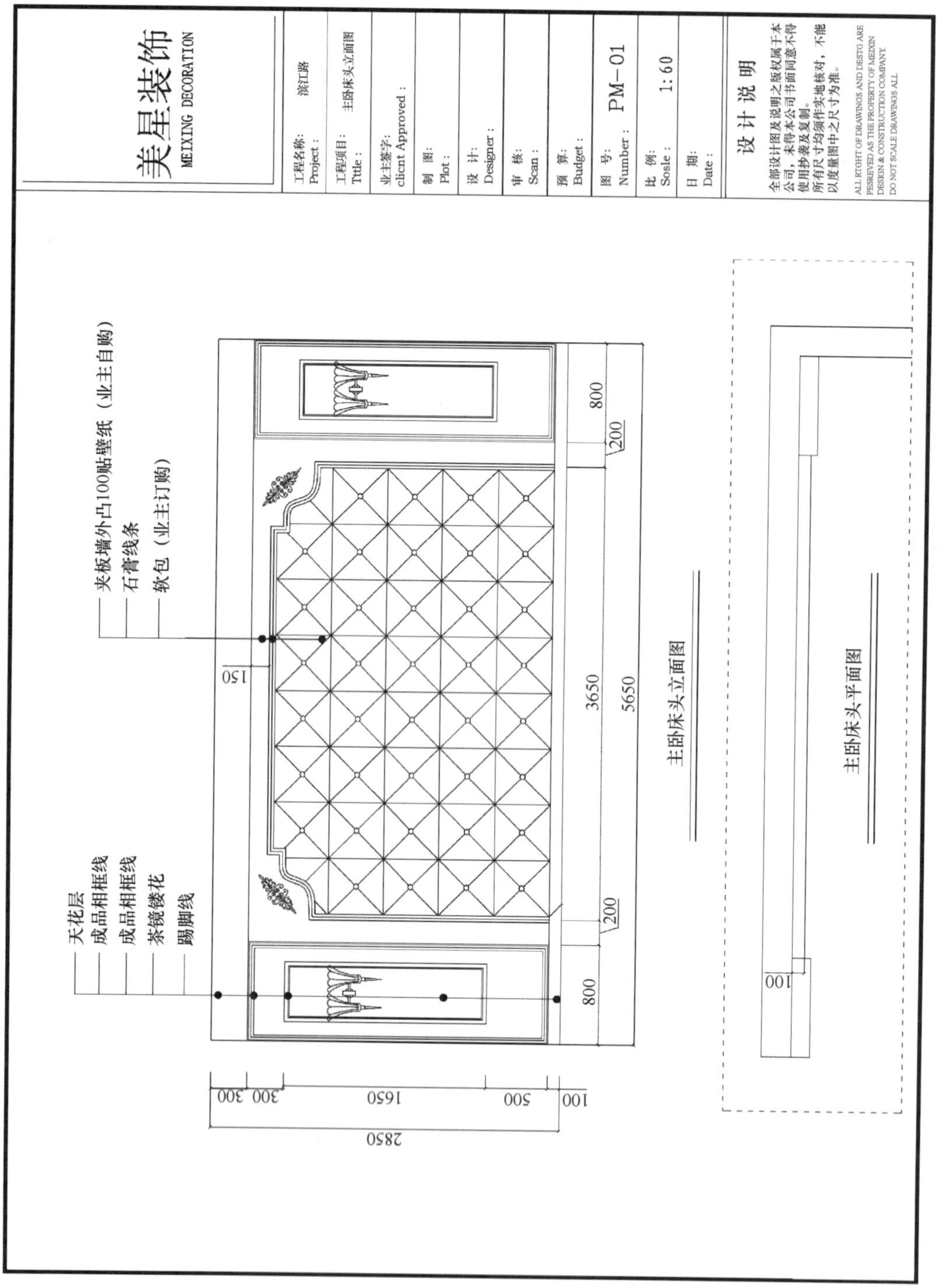

图1-17 主卧床头立面图及材料
（图片来源：美星装饰）

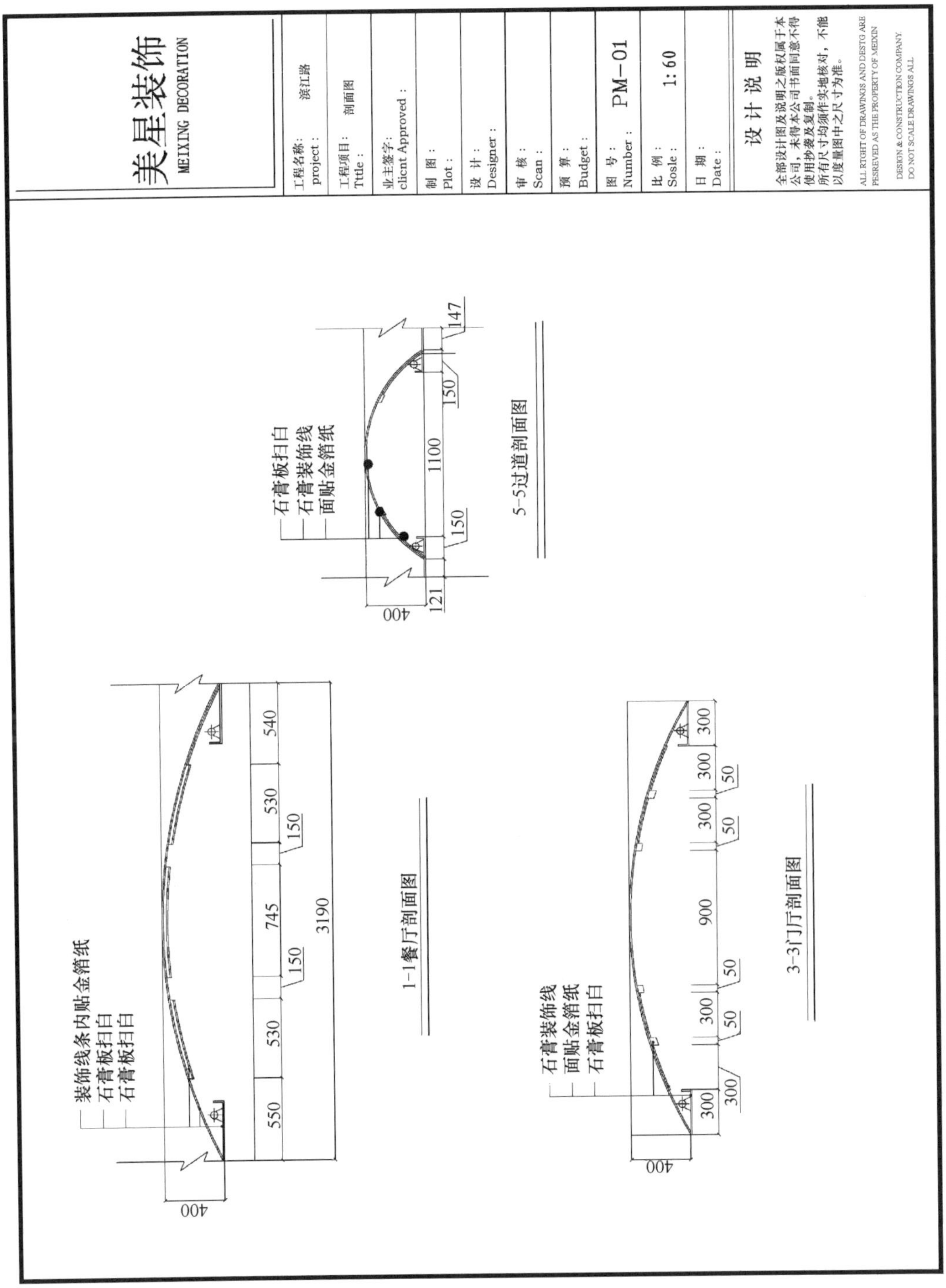

图1-18　门厅剖面图及材料
（图片来源：美星装饰）

装饰工程设计概算的编制目前没有统一的标准和模式，常用的是综合单价编制报价法，即将各种取费、税金及利润合并在报价定额单价内，见表1-7。

表1-7　　室内装饰设计报价表

客户：				地址：		
建筑面积：	133			联系方式：		
工程总造价：				设计师：		
其中直接费：				风格：		现代简欧
其中已包含代购主材费：						
每平方米装修造价：						
本预算采用18mm免漆木工板						
本预算乳胶漆采用多乐士“家丽安静味”环保乳胶漆						
装饰公司施工部分（其中人工费及材料损耗已包含在单价中，仅作说明）						
装饰施工：客厅、餐厅、过道						
编号	施工项目	单位	数量	单价	合价	备　注
1	阴阳角处理	m	72	1.5	108	弹线+人工费+石膏粉
2	墙体基层处理工程	m^2	118	22	2596	材料：蓝醒刚玉腻子、石膏粉、805胶水。 工艺：原墙面石膏粉浆局部找平，阴阳角顺直。披刮腻子两遍 标准：平整度（用靠尺检验）误差小于±2mm，阴阳角顺直，无色差、刷痕、颗粒、缺棱掉角、裂缝
3	乳胶漆工程处理“家丽安静味”	m^2	118	6	708	打磨、底漆一遍，面漆两遍。乳胶漆三色以上另增加100元/色。贴墙纸基层同乳胶漆报价（含墙纸机膜）。更换原报价品牌（同价位不另记）或更换高品质乳胶漆需补差价，另增加2元/平方米人工费。机喷工艺另增加2元/平方米人工费
4	顶基层处理工程（不含原顶基层清理）	m^2	42.5	22	935	材料：蓝醒刚玉腻子、石膏粉、805胶水。 工艺：原墙面石膏粉浆局部找平，阴阳角顺直。披刮腻子两遍 标准：平整度（用靠尺检验）误差小于±2mm，阴阳角顺直，无色差、刷痕、颗粒、缺棱掉角、裂缝

续表

编号	施工项目	单位	数量	单价	合价	备注
5	乳胶漆工程处理“家丽安静味”	m^2	42.5	6	255	打磨、底漆一遍，面漆两遍。乳胶漆三色以上另增加100元/色。贴墙纸基层同乳胶漆报价（含墙纸机膜）。更换原报价品牌（同价位不另记）或更换高品质乳胶漆需补差价，另增加2元/平方米人工费。机喷工艺另增加2元/平方米人工费
6	石膏板吊顶装饰	m^2	25.9	105	2719.5	材料：拉法基9.5mm纸面石膏板，五厘板，木龙骨，直钉，自攻钉，防火涂料，膨胀螺栓 工艺：300mm×300mm木龙骨骨架，五厘板基层，主龙骨用膨胀螺栓600~800mm固定，吊筋错位固定，纸面石膏板错位饰面，自攻钉间距300mm固定并做防锈处理，工程量按最大面积计算 标准：表面平整，接口留缝5mm，自攻钉低于平面1mm，水缝均匀，无起翘、破裂、划伤，钉眼布局均匀整齐
7	木龙骨刷防火涂料	m^2	25.9	4	103.6	木龙骨专用防火涂料+人工费+辅料
8	吊顶防锈处理	m^2	25.9	2	51.8	专用防锈漆+人工费+辅料
9	基层处理工程（吊顶部分）	m^2	25.9	4	103.6	材料：嵌缝带，石膏粉，白乳胶
10	灯带装饰	m	80	18	1440	成品石膏线条+辅料+人工费（灯带、T4管客户自购）
11	电视墙造型（不含艺术玻璃）	m^2	8.84	125	1105	材料：15mm木工板，木龙骨，直钉，自攻钉，防火涂料，膨胀螺栓 工艺：300mm×300mm木龙骨骨架，主龙骨用膨胀螺栓600~800mm固定，吊筋错位固定，木工板错位饰面，自攻钉间距300mm固定并做防锈处理，工程量按最大面积计算 标准：表面平整，自攻钉低于平面1mm，水缝均匀，无起翘、破裂、划伤，钉眼布局均匀整齐
12	电视墙墙纸基膜处理	m^2	8.84	6	53.04	墙纸专用基膜+辅料+人工费（墙纸客户自理）

1.2.2 住宅建筑装饰设计中尺度的把握

家具设计的基本尺寸如下：

①衣橱　深度：一般60～65cm；推拉门：70cm；衣橱门宽度：40～65cm。

②推拉门　宽度：75～150cm；高度：190～240cm。

③矮柜　深度：35～45cm；柜门宽度：30～60cm。

④电视柜　深度：45～60cm；高度：60～70cm。

⑤单人床　宽度：90、105、120cm；长度：180、186、200、210cm。

⑥双人床　宽度：135、150、180cm；长度：180、186、200、210cm。

⑦圆床　直径：190、220、240cm（常用）。

⑧室内门　宽度：80～95cm；高度：190、200、210、220、240cm。

⑨厕所、厨房门　宽度：80、90cm；高度：190、200、210cm。

⑩窗帘盒　高度：12～18cm；深度：单层布12cm；双层布16～18cm（实际尺寸）。

⑪单人式沙发　长度：80～95cm，深度：85～90cm；坐垫高：35～42cm；背高：70～90cm。

⑫双人式沙发　长度：126～150cm；深度：80～90cm。

⑬三人式沙发　长度：175～196cm；深度：80～90cm。

⑭四人式沙发　长度：232～252cm；深度：80～90cm。

⑮小型长方形茶几　长度：60～75cm；宽度：45～60cm；高度：38～50cm（38cm最佳）。

⑯中型长方形茶几　长度：120～135cm；宽度：38～50或60～75cm，高度：38～50cm。

⑰正方形茶几　长度：75～90cm；高度：43～50cm。

⑱大型长方形茶几　长度：150～180cm；宽度：60～80cm；高度：33～42cm（33cm最佳）。

⑲圆形茶几　直径：75、90、105、120cm；高度：33～42cm。

⑳大型方形茶几　宽度：90、105、120、135、150cm；高度：33～42cm。

㉑固定式书桌　深度：45～70cm（60cm最佳）；高度：75cm。

㉒活动式书桌　深度：65～80cm；高度：75～78cm。书桌下缘离地至少58cm；长度：最少90cm（150～180cm最佳）。

㉓餐桌　高度：75～78cm（一般），西式高度：68～72cm，一般方桌宽度：120、90、75cm。

㉔长方桌　宽度：80、90、105、120cm；长度：150、165、180、210、240cm。

㉕圆桌　直径：90、120、135、150、180cm。

㉖书架　深度：25～40cm（每一格）；长度：60～120cm；下大上小型下方深度：35～45cm；高度80～90cm。

㉗活动未及顶高柜　深度：45cm，高度：180～200cm。

㉘木隔间墙厚　6～10cm；内角材排距：(45～60)cm×90cm。

㉙踢脚板高　8～20cm。

㉚墙裙高　80～150cm。

㉛挂镜线高　160～180cm（画中心距地面高度）。

1.2.3　住宅建筑装饰设计中各类空间装饰设计的基本原则

（1）客厅（小型化　私密性　多功能）

过去我们追求大面积的客厅，是因为客厅发挥着社交场所和“娱乐场所”的功能。如今在家里应酬已经越来越少了，朋友、同事的交流多选在公共休闲场所。因此客厅只承担着家庭起居、娱乐的功能。在这个空间里，更加讲究家庭成员之间的亲近感（或者说是亲密距离感）。这种客厅功能的变化，决定了其空间面积无须太大，以免产生空旷感。由于客厅变成了纯粹的居住空间，其布置可以很随意，这反而强调了客厅的私密性。过去客厅普遍注重墙体立面装饰，如电视墙、护墙板等；客厅家具的选购上，会客沙发也多选用1+2+3式样，体量庞大，这种带有明显炫耀色彩的形式，已经没有多少必要了。客厅环境更加趋向随意性和休闲化，其表现为：对座椅要求形态要丰富，几案等家具强调装饰性。

（2）餐厅（宽敞　明亮　舒适）

相比客厅，餐厅更应予以重视。在设计面积分配、装饰投入等方面，现在餐厅均应重于客厅。这个空间不能局促，不能像通常处理的那样，在厨房、客厅的一角，安放一张桌子，匆匆用餐。家庭餐厅不应该搞成快餐厅，宽敞、明亮、舒适的餐厅是一个家庭不可或缺的。

如果是小厅的房型，可以设计成以餐桌为主的客厅，餐桌旁边放上几张休闲椅子，既可用餐又可偶尔会客。而餐客厅一体的房型，餐厅的面积可以适当地放大，条件允许的话，餐厅和厨房间的关联性应该强化一点，增加全家备餐的参与感，减少做餐的枯燥感。

餐厅和厨房因为是功能性很强的区域，资金上应该多投入。厨房的操作台、厨房电器、设备、家具等不可随意、马虎。人体在厨房中的尺度如图1－19所示。

餐厅装饰以轻松、明快、使用方便为主旨，灯光应明亮，家电配置要到位。这个空间应该考虑放置一些艺术品或者盆栽作为点缀，以营造出一个适意的就餐氛围。

（3）卧室和浴室（强化情调）

这两个空间是居室内中最密切联系的地方，设计上要考虑到感官的需要和心理的满足，要确定文化的定位，通俗的说法就是要讲究情调。

浴室不单是清洗身体的地方，而且是重要的休息区域。在能够保证私密的情况下，浴室宜加强与室外的联系，如做成阳光浴室，让皮肤与阳光、空气接触。现在的浴室装饰中，材料由原来单一的防水瓷砖变为大量的运用天然石材、砖块、原木等，其目的就是营造出一种自然的氛围。同时浴室也可以如客厅一样搞些绿化，尤其有窗的，可在窗外放些盆栽的绿色植物如绿萝、芦荟等。这样里外映衬，会感觉更加贴近自然。

卧室比较合理的设计，是以床为中心的分配设计。空间大，可以考虑有个亲密度相当高的、可以坐躺的休息分区，看看书、聊聊天，家人之间可以进行思想交流。灯光宜

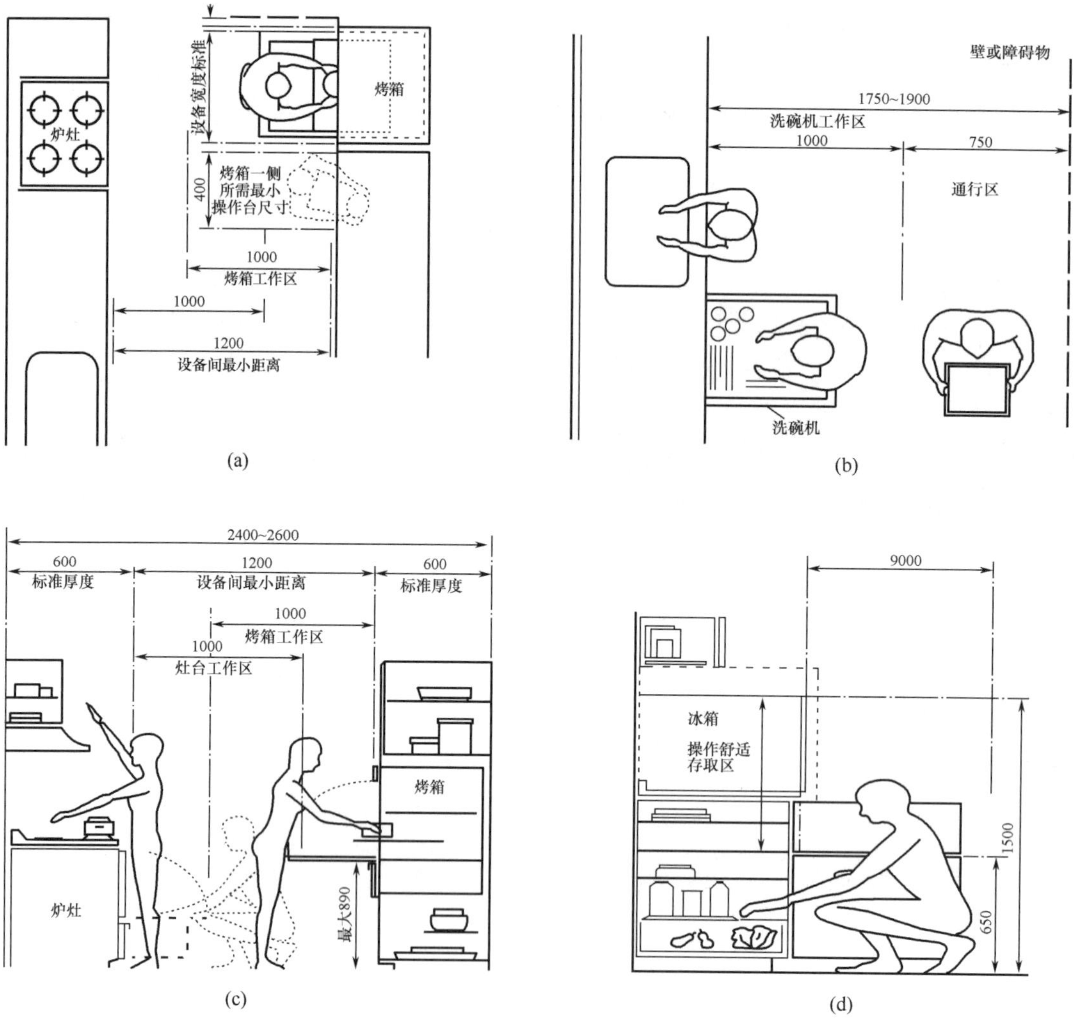

图 1－19　人体在厨房中的尺度

（图片来源：室内设计资料集．中国建筑出版社，2005）

柔和，以区域照明为主，整体照明宜暗淡。材料要用柔性、半柔性的，如布艺、木材等，避免硬、冷的材质，尤其注意不要使用镜玻之类高反光的材质；色彩设计上以暖调为主。

思考与练习

1. 住宅建筑装饰设计任务书包含了哪些基本项目？
2. 住宅建筑装饰设计方案设计前期准备包含哪些具体内容？
3. 住宅建筑装饰设计的设计分析与定位包含哪些具体内容？
4. 住宅建筑装饰设计的草案设计包含哪些具体内容？
5. 住宅建筑装饰设计方案深化和图纸绘制阶段包含哪些具体内容？
6. 临摹绘制图 1－10 方案草图。绘制要求：A4 纸完成，速写手稿形式，马克笔、彩色铅笔均可。

项目二　别墅建筑装饰设计

2.1　教学实施方案

2.1.1　学习目标

主要通过别墅建筑装饰方案设计内容的学习，掌握装饰设计师职业岗位客户沟通、现场量房、设计知识和技能，培养职业岗位中的设计素质。通过别墅方案设计项目的实践，掌握装饰设计师职业岗位、职业技能和工作方法，为学生进入工作岗位奠定基础。

2.1.2　设计任务书

2.1.2.1　项目概况

本项目为 2 层约 400m^2 的别墅装饰。

2.1.2.2　设计要求

（1）掌握家装测量基本知识。

（2）掌握家装方案设计原理、原则、程序与方法。

（3）掌握家装材料的基本知识及材料的组合选择能力。

（4）熟悉相应的施工规范和法律条文。

2.1.2.3　设计内容

（1）对家庭成员的基本情况和场所的实际情况进行分析；测量客户房屋。

（2）空间的功能需求和根据功能划分空间。

（3）设计风格的体现、色彩与材质的运用。

（4）依据设定客户的要求，融入设计师的理念进行设计作品创作，确定家装方案。

（5）设计表现的方法。

（6）规范绘制工程施工图。

2.1.2.4　技术规范

（1）《民用建筑设计通则》（GB 50352—2005）

（2）《住宅设计规范》［GB 50096—1999（2003）］

(3)《住宅装饰装修工程施工规范》(GB 50327—2001)
(4)《建筑内部装饰防火设计规范(2005 年版)》
(5)《建筑装饰工程施工质量验收标准》
(6)《建筑制图标准》(GB/T 50104—2001)

2.1.3 工作任务分解

任务一、方案设计前期准备(表 2－1)

表 2－1　方案设计前期准备

内容、步骤	职业技能及方法	学习知识点	考核点
场地分析	确定户型结构,丈量实际面积并绘制详细的户型结构图	掌握家装房屋的现场测量能力;测绘资料整理及现场加工能力(图 2－1)	1. 户型分析报告或图解; 2. 客户需求分析报告或图解
客户家庭构成	通过与客户和潜在客户的主动沟通和了解,帮助客户建立家装的整体构想	对客户的年龄、职业、性格、爱好做出分析的能力;与不同职业的客户沟通的能力	

任务二、设计分析与定位(表 2－2)

表 2－2　设计分析与定位

内容、步骤	职业技能及方法	学习知识点	考核点
客户信息与设计要求分析	家装房屋的现场测量数据加工能力	1. 场所实际情况的分析; 2. 设计风格与理念定位; 3. 参阅、收集相关资料,为设计工作的开展做必要的准备	1. 设计方案的初步设计定位; 2. 各装饰风格的特点、设计元素的收集分析; 3. 空间功能需求的分析草图; 4. 确定空间功能定位
设计风格确定	1. 装饰设计风格体现的能力; 2. 结合空间实际分析情况对空间尺度、形态等进行调节的能力	1. 空间分析; 2. 装饰设计风格的认识; 3. 空间调节的方法和手段	

任务三、草案设计（表2-3）

表2-3　草案设计

内容、步骤	职业技能及方法	学习知识点	考核点
空间初步规划	1. 室内空间环境中的感知规律； 2. 室内空间的类型及特征	1. 家庭中各功能区域的合理布局； 2. 解决功能区之间的相互关联、过渡和协调呼应关系	1. 空间组织与划分草图； 2. 家具设计与布置草图； 3. 主材选用情况说明； 4. 设计主题的确定及体现主题的手段的确定； 5. 风格造型的确定
空间深化设计	1. 室内空间的处理； 2. 室内空间要素的组合	1. 安排家具和各种设施； 2. 室内的装修风格定位	

任务四、方案深化和图纸绘制（表2-4）

表2-4　方案深化和图纸绘制

内容、步骤	职业技能及方法	学习知识点	考核点
方案深化	1. 为根据客户即将装饰的房屋和房屋的实际测量数据以及客户的需求而形成的室内空间、室内空间界面及特征。包含空间形态，空间组织，各界面形状、尺度、材料，家具布置与设备选择； 2. 利用口头和文字两种方式表述方案设计思维	1. 室内空间环境中的感知规律； 2. 室内空间的处理； 3. 空间界面设计的原则与要点； 4. 人体工程学，家具的类型、作用； 5. 室内照明的基本概念，室内照明的作用	1. 别墅装饰设计总平面图； 2. 别墅装饰设计顶棚图、地铺图； 3. 别墅装饰设计立面图、剖面图
图纸绘制	设计图绘制	室内装饰设计的基本要求与方法	

任务五、效果图的展现（表2-5）

表2-5　效果图的展现

内容、步骤	职业技能及方法	学习知识点	考核点
设计效果	1. 运用3D、PS制图软件制作室内装饰效果图； 2. 手绘效果图展示	1. 3D MAX效果图表现技法； 2. 能结合方案特点表现出空间关系； 3. 能对室内环境气氛、色彩、材料质感等表达清晰； 4. 马克笔效果图表现技法； 5. 彩铅效果图表现技法	方案设计效果图
设计评价	对设计方案的评审	完整地表现设计方案	

2.2 项目相关知识

2.2.1 别墅建筑装饰设计前期准备

2.2.1.1 别墅的定义

别墅（Villa 或 Cottage）是指在风景区或在郊外建造的供休养的住所。中国人的别墅概念跟欧美发达国家有很大的不同。3 世纪，意大利山坡地带出现台阶式住宅别墅。中国在西晋时出现别墅，《晋书·谢安传》记载："于土山营墅，楼馆竹林甚盛"。

中国古代建有著名的别墅，如晋代洛阳石崇的金谷别墅，唐代蓝田王维的辋川别业，明代苏州的拙政园和清代杭州的金谿别业、北京的勺园等。在中国明代时期，别墅这一叫法在行文中经常能见到，如明朝王铎《太子少保兵部尚书节寰袁公神道碑》："公（袁可立）营别墅于牟驼岗，以娱两尊人。"近代和现代建造的别墅设备日渐完善，最具特色的如 F. L. 赖特设计的流水别墅，勒·柯布西耶设计的萨伏伊别墅，L. 密斯·范·德·罗设计的"玻璃别墅"（法恩斯沃思住宅）等，中国青岛、庐山、北戴河等地建造的别墅均属此类。

2.2.1.2 别墅的类型

（1）独栋别墅

独栋别墅（图 2－1）即独门独院，上有独立空间，中有私家花园领地，下有地下室，是私密性很强的独立式住宅，表现为上下左右前后都属于独立空间，一般房屋周围都有面积不等的绿地、院落、游泳池、亭子、篮球场等。

图 2－1 独栋别墅

（2）联排别墅

联排别墅（图2－2）发源于英国，在欧美普遍存在。位置往往在靠近城市交通方便的郊区，高度一般不超过5层，有自己的院子和车库。由3个或3个以上的单元住宅组成，一排2～4层联结在一起，每几个单元共用外墙，有统一的平面设计和独立的门户。在西方，联排别墅的主人是中产阶级或新贵阶层。在中国，它们则属于高消费人群。

图2－2　联排别墅

（3）双拼别墅

双拼别墅（图2－3）是由两个单元的别墅拼联组成的单栋别墅，它是联排别墅与独栋别墅之间的中间产品。由两个单元的别墅拼联组成的单栋别墅。与联排、独栋相比，除了有天、有地、有独立的院落外，最关键是降低了社区密度，增加了住宅采光面，使其拥有更宽阔的室外空间。

图2－3　双拼别墅

（4）叠加式别墅

叠加式别墅（图2－4）是别墅按建筑形式分类的一种。它是 Townhouse 的叠拼式的一种延伸，也有点像复式户型的一种改良，叠加式别墅介于别墅与公寓之间，是由多层的别墅式复式住宅上下叠加在一起组合而成。一般4～7层，由每单元2～3层的别墅户型上下叠加而成，这种开间与联排别墅相比，独立面造型可丰富一些，同时一定程度上克服了联排别墅窄进深的缺点。

图2－4 叠加式别墅

（5）空中别墅

空中别墅发源于美国，称为“penthouse”即“空中楼阁”，这种别墅原指位于城市中心地带高层顶端的豪宅。一般理解是建在公寓或高层建筑顶端具有别墅形态的大型复式住宅。

2.2.2 别墅的功能分区

2.2.2.1 别墅的特点

别墅与普通住宅不同，除了满足使用功能、日常起居的便利与舒适和居室的生态要求外，更应注意功能的设计和配置。在增强居室秘密性的同时，更应注意室内、室外空间的过渡以及与私家花园即自然环境的交融，并在提高居家的舒适度、便利性和空间格局的经济性、合理性方面有所创新。严格意义上的别墅，其建筑的内容组成应随着户主的职业、兴趣爱好、地域环境的不同而呈现多姿多彩的形式。

2.2.2.2 别墅的功能

一般可综合为起居、卧寝、交通、辅助和欣赏五大功能（即“五大功能区”），具有以下四个基本特点：

①面积标准较高，设施完善，房间分工较细。

②空间设计灵活，室内室外相互渗透穿插。

③注重人的精神心理需求以及对个体形象的追求。

④空间形态与具体的自然环境结合紧密，强调与自然的交融。

2.2.2.3　别墅的空间结构

（1）别墅的空间分类

①起居　客厅、家庭室、会客室、餐厅、厨房等。

②卧寝　卧室、主卧室、工人房、卫浴间、更衣间等。

③交通　门厅、走廊、楼梯等。

④辅助　车库、学习间、洗衣房、储藏室等。

⑤欣赏　庭院、阳台、内视空间、墙柱凸凹、屋顶形式等。

（2）别墅的内部空间组织

①内部空间的组合　依据家庭生活的特点，别墅内部空间有其不同的性质，表现在空间的开放性与私密性要求上。

起居室是家人欢聚和集中的地方，其气氛是活跃的；卧室则相反，空间属性就是“私密性”的。不同的房间有其不同的属性，但也有属中性的，如书房、储藏室等。

不同性质的空间在处理上采用不同的处理手法：开放性空间多运用虚隔的手法，追求空间的渗透与流动，空间与空间之间不要求一定有明确的界限；私密性空间则多用分隔方法，空间之间界限分明。

②内部交通组织　居住空间有开放与私密的两种要求，设计时应本着首先开放性而逐步过渡到私密性的空间处理原则，进行交通组织。应适当注意解决家庭内部成员活动与会客活动之间的关系，使两者之间互不干扰。在有居家工作的情况下，上述交通关系更为复杂，应妥善处理。

（3）空间处理手法

①空间的限定　通过花格、陈设架、层高变化进行空间界定，虚空间多用家具、灯具来限定空间的存在，地面肌理的变化也显示不同空间的变化。

②空间的渗透与流动　户内各空间之间，户内与户外之间有渗透与流动。在别墅建筑的房间中，开放型的房间常采用空间渗透与流动的处理方式，以在静中求动。

（4）室内空间的面层装饰处理

①材质的设置　木材、石材、装饰石材、地毯、复合材料、石膏材料、玻璃、石块等。

②色彩的处理　冷暖的搭配，轻重的取舍。

③室内灯光的布置　均匀的室内观环境（自然光/人工光），对重点空间部位的突出。

④装饰品的选择与设置　题材、色彩、格调、尺度。

⑤适度的环境绿化点缀　花卉、盆景的大小、高低。

2.2.2.4　别墅功能分区的设计手法

（1）基本功能空间使用面积比例（图2-5至图2-7）

①起居间40%，其中：客厅20%，餐厅6%，家庭室8%，楼梯6%。

②卧室30%，其中：主卧室10%~12%，卧室（或客卧室）9%~10%。

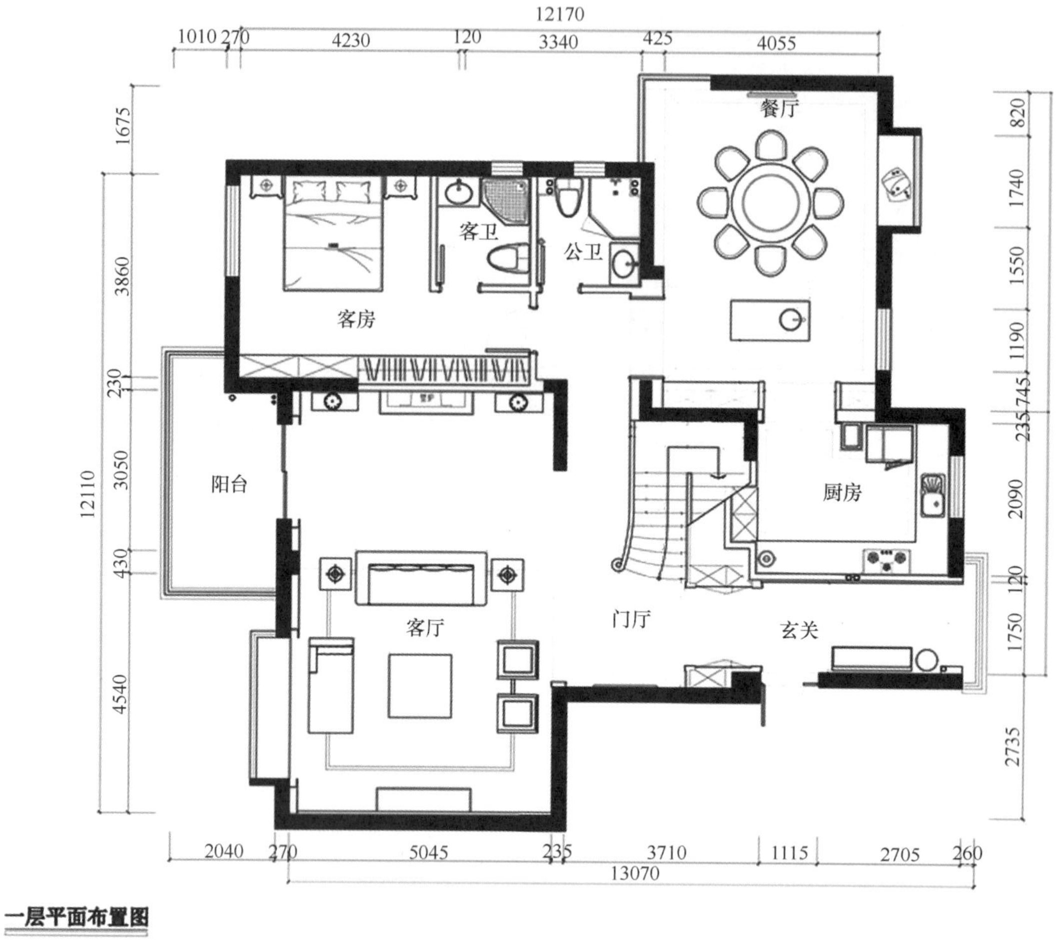

图 2－5 别墅一层基本空间布置图

③厨房 3.5%；卫生间 10%，其中：公厕和私厕可各按 3%，依实际情况另行调节。

④其他房间（包括专业房、车库）占 16.5%，依实际情况取舍。

（2）起居间

①功能组合和设计要求　根据城市别墅规模大小，对起居间使用功能有三种组合：a. 客厅、家庭室、餐厅各自独立；b. 客厅兼顾家庭室；c. 客厅兼顾家庭室和餐厅。

②起居间平面布置　起居间是别墅建筑房间中占用空间最大的房间，它要求有较大的透光性和较好的通风效果，并且在视觉上能够直接摄取外景，因此其平面位置，必须最少有一面与外墙连接。依此其平面布置可以归纳为三种，即居中布置、居南（北）半边布置、偏侧边布置。

③起居间空间尺寸

a. 客厅尺寸：客厅（图 2－8）是接待亲朋好友和对外来访的活动场所，是展示主人风格和气派的空间，因此其空间大小，既要显得大气舒展，又要显得和谐温馨。空间过大会显得分散和没有热情感，空间过小又会产生拥挤和局促。客厅尺寸由平面尺寸和客

图 2－6　别墅二层基本空间布置图

厅高度组成。

客厅平面形状一般为矩形或矩形带部分弧形，但其基本轮廓还是按矩形确定长宽尺寸。客厅的平面尺寸，要满足客厅家具布置、影视娱乐布置、进出人流布置和盆景饰物布置等。

b. 家庭室尺寸：家庭室是供家庭成员集聚、娱乐、休闲和兼顾健身的空间，其空间尺寸一般要小于客厅，以创造和谐温馨的气氛。家庭室平面形状可为矩形或方形，室内家具一般为沙发、茶几、电视柜、柜式空调机等。一般平面尺寸，短边（宽度）最少要 3000mm，最大者以不超过 6000mm 为宜。空间高度可参考客厅高度，或稍低于客厅高度。

c. 餐厅尺寸：餐厅（图 2－9）是客人和家人用餐的专用之地，功能比较单一。餐厅空间要满足一桌人聚餐和酒柜、餐桌、柜式空调机布置等。一般平面尺寸，短边（宽度）最少要 3000mm，最大者不宜超过 4500mm。长边可接近短边或按客厅宽长比处理。空间高度可参考客厅高度，或稍低于客厅高度。

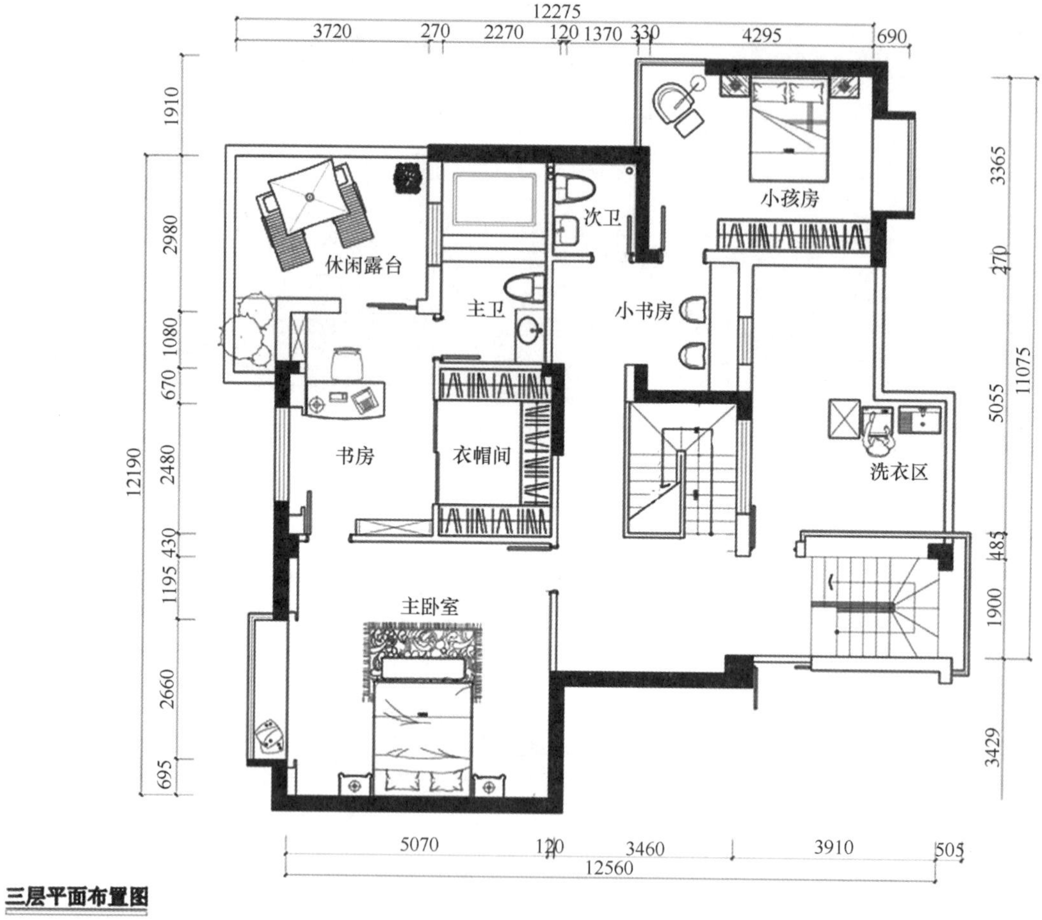

图 2－7　别墅三层基本空间布置图

(3) 卧室

卧室根据使用对象分为主卧室、卧室、客卧、工人房等，其布置要求也略有区别。

①主卧室平面布置　主卧室是别墅主人夫妇使用的空间，是体现主人身份和气派的个性领域，在卧室群中，它要求空间最大，有好的自然通风和采光（图 2－10），并要求远离客厅和餐厅。因此，主卧室多布置在楼上朝向好的位置，主卧室分别占据二层或三层楼位置。

②普通卧室平面布置　普通卧室是除主卧室之外供家庭其他成员使用的卧室，根据家庭成员多少，一般要设置 2、3 间，其空间除要求安静外，还应考虑方便、温馨及和谐气氛，一般要求在一层至少应布置一间，供老人、行动障碍者或保姆使用，其他各间可安排在至少有一面采光位置即可。

③客卧室平面布置　客卧室是供亲朋好友临时来访就寝之处，多在规模较大的别墅中专门安排（图 2－12），一般对客卧室空间没有特殊要求，只需满足便利舒适即可。

图2－8　客厅

图2－9　餐厅

图 2－10　主卧室

图 2－11　儿童卧室

图 2－12　客卧室

（4）卧室设计的6个元素

第一元素：卧室的地面应具备保暖性，一般宜采用中性或暖色调，材料有地板、地毯等。

第二元素：墙壁约有1/3的面积被家具所遮挡，而人的视觉除床头上部的空间外，主要集中于室内的家具上。因此墙壁的装饰宜简单些，床头上部的主体空间可设计一些有个性化的装饰品，选材宜配合整体色调，烘托卧室气氛。

第三元素：吊顶的形状、色彩是卧室装饰设计的重点之一，一般以简洁、淡雅、温馨的暖色系列为好。

第四元素：色彩应以统一、和谐、淡雅为宜，对局部的原色搭配应慎重，稳重的色调较受欢迎，如绿色系活泼而富有朝气，粉红色系欢快而柔美，蓝色系清凉浪漫，灰色或茶色系灵透雅致，黄色系热情中充满温馨气氛。

第五元素：卧室的灯光照明以温馨和暖的黄色为基调，床头上方可嵌筒灯或壁灯，也可在装饰柜中嵌筒灯，使室内更具浪漫舒适的温情。

第六元素：卧室不宜太大，空间面积一般15～20m^2就足够了，必备的使用家具有床、床头柜、更衣橱、低柜（电视柜）、梳妆台。如卧室里有卫浴室的，就可以把梳妆区域安排在卫浴室里。卧室的窗帘一般应设计成一纱一帘，使室内环境更富有情调。

（5）卫生间

别墅卫生间一般为多功能使用间（图2－13），通常包括便池、漱洗、洗浴等功能，是家庭内部必不可少的功能空间，一般要根据客厅（或餐厅）、卧室、工作间等的安排进行不同设置。别墅卫生间的设计内容为：卫生间功能组合、卫生间平面布置、卫生间空间尺寸。

图2－13　卫生间

①卫生间功能组合　别墅卫生间是解决家庭卫生的空间，其基本功能是用于排便、洗

漱、洗浴和衣物洗涤等，依不同的使用要求，有不同的器具组合形式（图2－14），常用的器具组合形式有以下两种：

a. 排便器、洗脸器、洗浴器组合。排便器是指大小便用的坐便器和蹲便器，一般只安装其中之一即可，但有的主卧室中，可同时安装坐便器和蹲便器，解决夫妻双上班族抢时间使用。

洗脸器是指洗脸刷牙用的洗脸盆和洗脸化妆台，一般只安装其中之一即可，但在高规格主卧室中，可同时安装洗脸盆和洗脸化妆台，解决夫妻双方赶时间同时使用。洗浴器是指洗澡用的淋浴喷头（或淋浴房）和浴缸，一般只安装其中之一即可。

b. 排便器、洗脸器、洗浴器、洗衣机组合。这种组合是在以上组合形式中，再将洗衣机容纳其中。在城市别墅中，一般因家庭人员不多，多不单独设置洗衣间，而是在卫生间中安置洗衣机。这是大多数别墅所常采用的组合形式。

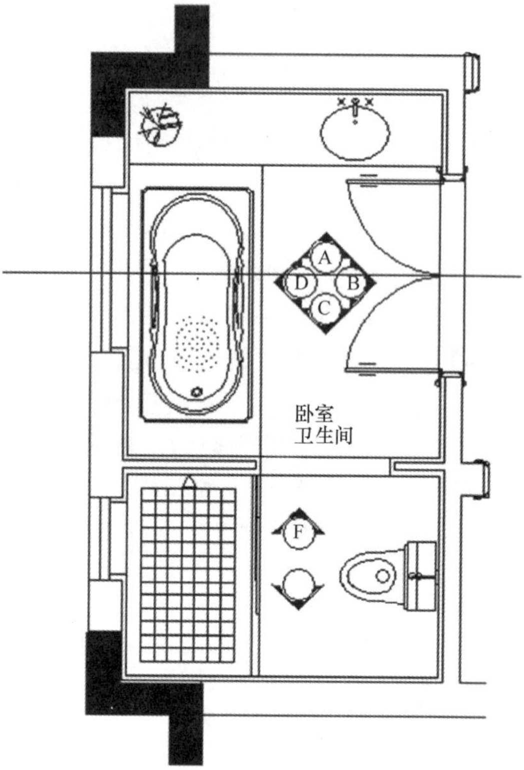

图2－14 卫生间器具组合

②卫生间平面布置 一般都要求贴靠外墙布置。根据使用性质，可以分为共用卫生间和私用卫生间两种。这两种卫生间的数量，在满足使用的情况下，要求越少越好，以便减少占地面积和房屋造价，但在别墅建筑中，卫生间的总面积，多按整个使用面积的6.5%～10%进行设置。

a. 共用卫生间：是指为客厅、餐厅、厨房，或两个以上卧室等服务的公共使用的空间，它依使用对象不同，分别布置在使用对象区域的偏僻位置。除卧室外，设有一个卫生间供客厅、餐厅、厨房等共用。

b. 私用卫生间：是指为主卧室和卧室专门配备的专用卫生间。在别墅建筑中，主卧室必须要有专用卫生间，其他卧室可依需要安排。私用卫生间布置分为两种：

ⓐ在卧室内分隔部分区域，形成在大房内套小隔间的布置，这种布置可以显示出卧室的阔绰气氛。

ⓑ卫生间与卧室隔墙相伴，用门洞相互连通的布置，这种布置可显示卧室的整齐和简洁。

③卫生间空间尺寸 卫生间的平面尺寸，要根据卫生器具组合形式加以确定。

卫生间采用坐便器、洗脸盆、淋浴器（或者浴缸竖置）组合者，其短边最小尺寸为1800mm，根据浴缸、淋浴房等布置情况，常用短边尺寸为2100、2400、2700、3000、3300mm。长边尺寸可根据安置设备器具情况，按宽1.05～1.5取定，卫生间空间高度，要满足下水管道弯头安装，所以一般要求不宜低于2700mm。

（6）楼梯

楼梯是上下楼层的重要交通，楼梯设计内容为：楼梯平面布置、楼梯形式、楼梯设计尺寸。

①楼梯平面布置　根据安置空间的方式分为透空型楼梯和间壁型楼梯。别墅建筑中楼梯位置的设置，按流动方式分为辐射型、集中型、分散型等。

②楼梯形式　城市别墅中，较常用的楼梯形式有单跑直行梯、双跑平行梯、双跑折行梯、弧线楼梯（图2－15）、螺旋楼梯（图2－16）等。

图2－15　弧线楼梯

图2－16　螺旋楼梯

③楼梯尺寸　楼梯设计尺寸分为楼梯踏步尺寸和楼梯空间尺寸。

a. 楼梯踏步尺寸：楼梯踏步的高度和宽度，会直接影响上下楼梯的舒适感受。一般人正常步行的步距为600～620mm。

b. 楼梯空间尺寸：楼梯空间尺寸包括楼梯当距宽、楼梯踏步数。楼梯当距宽又称为梯段宽。在一般别墅中，单跑楼梯的梯段宽≥850mm，一般采用900mm。双跑楼梯的梯段宽≥2100mm，一般采用2400mm，弧形楼梯的梯段宽≥1000mm，螺旋梯的梯段宽≥1200mm。

（7）庭院

天然的别墅庭院环境（图2－17）是指庭院外空间的景观以休闲、健康、舒适的环境与室内环境相结合。也就是用一些天然材料（如木材、石料、砖瓦、陶瓷）为核心表达别墅庭院的装修设计方案。

石头是天然的别墅庭院装饰品，也是其他的天然装饰品，不仅使用寿命长而且廉价。水池是别墅庭院最自然的装饰方法，也是最天然的装修方法。

图2－17　别墅庭院

2.2.2.5　别墅设计的基本尺寸

别墅户型中的设计要考虑人体工程学和舒适度。结合各类别墅的设计方案，总结出了适合别墅户型设计的基本尺寸，见表2－6。

表2－6　　别墅设计的基本尺寸

功能房间	品型	经济型	舒适型	享受型	奢华型
		面积区间150～200m²	面积区间200～250m²	面积区间250～300m²	面积区间300m²以上
整体	面宽	5～6m	6～7.5m	7～8.6m	8.5～12m
	进深	11～14m	12.5～16.5m	15～18m	17～25m

续表

<table>
<tr><td rowspan="2">功能
房间</td><td rowspan="2">品型</td><td colspan="2">经济型</td><td colspan="2">舒适型</td><td colspan="2">享受型</td><td colspan="2">奢华型</td></tr>
<tr><td colspan="2">面积区间 150～200m^2</td><td colspan="2">面积区间 200～250m^2</td><td colspan="2">面积区间 250～300m^2</td><td colspan="2">面积区间 300m^2 以上</td></tr>
<tr><td rowspan="4">客厅</td><td>面积</td><td colspan="2">20～30m^2</td><td colspan="2">25～35m^2</td><td colspan="2">30～40m^2</td><td colspan="2">40～48m^2</td></tr>
<tr><td rowspan="2">开间</td><td colspan="2">最小尺寸</td><td colspan="2">舒适尺寸</td><td colspan="2">最小尺寸</td><td colspan="2">舒适尺寸</td></tr>
<tr><td colspan="2">4.4～6m</td><td colspan="2">5.5～6.5m</td><td colspan="2">5.9～6.8m</td><td colspan="2">6.5～7.5m</td></tr>
<tr><td>进深</td><td colspan="2">4.5～5.5m</td><td colspan="2">5.5～6.0m</td><td colspan="2">5.8～6.5m</td><td colspan="2">6.5～7m</td></tr>
<tr><td rowspan="4">餐厅</td><td>面积</td><td colspan="2">12～16m^2</td><td colspan="2">15～20m^2</td><td colspan="2">18～22m^2</td><td colspan="2">20～25m^2</td></tr>
<tr><td rowspan="2">开间</td><td colspan="2">最小尺寸</td><td colspan="2">舒适尺寸</td><td colspan="2">最小尺寸</td><td colspan="2">舒适尺寸</td></tr>
<tr><td colspan="2">3.0～3.4m</td><td colspan="2">3.5～4m</td><td colspan="2">4.2～4.5m</td><td colspan="2">4.5～5m</td></tr>
<tr><td>进深</td><td colspan="2">3.2～3.5m</td><td colspan="2">3.5～4.2m</td><td colspan="2">4.4～4.9m</td><td colspan="2">5～5.5m</td></tr>
<tr><td rowspan="4">主卧室</td><td>面积</td><td colspan="2">16～24m^2</td><td colspan="2">20～25m^2</td><td colspan="2">22～28m^2</td><td colspan="2">26～30m^2</td></tr>
<tr><td rowspan="2">开间</td><td colspan="2">最小尺寸</td><td colspan="2">舒适尺寸</td><td colspan="2">最小尺寸</td><td colspan="2">舒适尺寸</td></tr>
<tr><td colspan="2">4～5m</td><td colspan="2">4.5～5m</td><td colspan="2">4.5～5.5m</td><td colspan="2">5～5.5m</td></tr>
<tr><td>进深</td><td colspan="2">3.8～4.5m</td><td colspan="2">4.8～5.5m</td><td colspan="2">5～6m</td><td colspan="2">5～6m</td></tr>
<tr><td rowspan="5">次卧室</td><td>面积</td><td colspan="2">10～15m^2</td><td colspan="2">14～18m^2</td><td colspan="2">14～18m^2</td><td colspan="2">18～20m^2</td></tr>
<tr><td rowspan="2">开间</td><td>最小尺寸</td><td>舒适尺寸</td><td>最小尺寸</td><td>舒适尺寸</td><td>最小尺寸</td><td>舒适尺寸</td><td>最小尺寸</td><td>舒适尺寸</td></tr>
<tr><td colspan="2">2.9～4m</td><td colspan="2">3.9～4.2m</td><td colspan="2">3.9～4.2m</td><td colspan="2">≥4.2m</td></tr>
<tr><td rowspan="2">进深</td><td>最小尺寸</td><td>舒适尺寸</td><td>最小尺寸</td><td>舒适尺寸</td><td>最小尺寸</td><td>舒适尺寸</td><td>最小尺寸</td><td>舒适尺寸</td></tr>
<tr><td colspan="2">3.2～4.2m</td><td colspan="2">3.5～3.7m</td><td colspan="2">3.5～3.7m</td><td colspan="2">3.9～4.2m</td></tr>
<tr><td rowspan="2">厨房</td><td>开间</td><td colspan="2">2.6～3.3m</td><td colspan="2">3.1～3.5m</td><td colspan="2">3.1～3.5m</td><td colspan="2">≥3.5m</td></tr>
<tr><td>进深</td><td colspan="2">2.4～3.6m</td><td colspan="2">2.6～3.0m</td><td colspan="2">2.6～3.0m</td><td colspan="2">2.7～3.0m</td></tr>
<tr><td rowspan="2">主卫</td><td>开间</td><td colspan="2">2.3～3.3m</td><td colspan="2">≥3.6</td><td colspan="2">≥3.6</td><td colspan="2">≥3.6</td></tr>
<tr><td>进深</td><td colspan="2">2.4～2.6m</td><td colspan="2">≥3m</td><td colspan="2">≥3m</td><td colspan="2">≥3m</td></tr>
<tr><td>书房</td><td>面积</td><td colspan="2">7～8m^2 的独立书房</td><td colspan="2">≥10m^2 的独立书房</td><td colspan="2">≥12m^2 的独立书房</td><td colspan="2">≥16m^2 的独立书房</td></tr>
<tr><td>楼道</td><td>宽度</td><td colspan="2">2.1～2.4m</td><td colspan="2">2.1～2.4m</td><td colspan="2">2.3～2.5m</td><td colspan="2">≥2.5m</td></tr>
<tr><td>衣帽间</td><td>面积</td><td colspan="2">≥6m^2</td><td colspan="2">≥6m^2</td><td colspan="2">≥8m^2</td><td colspan="2">≥8m^2</td></tr>
</table>

2.2.2.6　别墅设计的前期步骤

别墅设计作为对高端生活追求的一种外在形式，它彰显的不仅仅的是户主尊贵的社会身份，更是一种对品位高端居室享受的诠释。别墅与普通住宅相比，除了基本功能相似之外还有很多不同之处，因此对这种带有诗意的住宅进行设计的过程中，应该注意三个方面：

（1）深入分析别墅户型结构，充分了解户主生活追求

别墅客户购买别墅并不只是想要大面积的房子，而是一种与平层公寓截然不同的生活方式，和对生活一个质的飞跃。他们所需要的并不只是大面积的功能空间在数量上的

翻倍、在设计上的简单复制，设计师应该对别墅客户的生活方式理解全面，不以简单平层公寓的生活方式去设计别墅，不以设置许多功能相同的卧室、客房等来填充户型在面积上的优势，从而忽视了从根本上使客户的生活方式有质的变化与提升。深入分析户型结构，了解客户对生活方式的追求，充分掌握家庭情况与使用习惯，这是别墅设计前期准备工作的重点。

（2）生活功能区域划分合理，流线设计流畅

设计师对各个功能空间的划分没有一个整体的把握，功能区之间交通流线的设计不合理，致使流线相互交错，导致别墅客户对设计的不满。例如，设计师只是考虑别墅客户在前期沟通时所需要的功能空间，如不考虑每个功能空间的关系，将这些功能空间无序地排放在整个户型的各个角落，致使很多独立空间相互交错不能实现其独立性，例如"会客区域与睡眠区域相连，却与餐饮区域和娱乐区域远离，这会导致别墅客户因生活方式不便产生压抑疲劳感。"其实，别墅面积越大，流线设计不流畅所带来的疲劳感就会越强。原户型可能存在的不足需要设计师进行完善与改进，才能达到生活功能区域划分合理的目的。

（3）设计要门当户对，人文自然景观和谐有序

别墅设计和平层设计之所以有不同之处就是在于它有了自己的空间延伸，平层在设计时考虑室外空间的很少，它没有独立的环境空间。但是别墅空间有自己独立的室外空间，白云、蓝天、植物等自然元素都应该是设计的一部分，作为别墅设计的室内延伸空间要素要被考虑进去，这样才是一个整体的设计。"别墅的室内空间，应充分满足客户的人文追求，体现其独特的品位；而室外园林设计则应充分利用自然条件，给主人营造天然和谐的氛围，满足其回归自然的心理需求。这样，才能做到天人合一，真正体现别墅作为个人住宅的概念。"没有做园林设计或园林设计与室内设计不协调，都无法真正体现别墅住宅的独特性、稀缺性，自然也无法满足别墅客户的心理需求。

2.2.3 别墅设计相关知识

2.2.3.1 室内设计的方法

①有全局观念。

②局部与整体协调统一。室内环境要与建筑整体的性质、标准、风格统一，与室外环境协调。

③意在笔先或笔意同步，立意与表达并重。

2.2.3.2 常用装饰风格特点

（1）美式乡村（田园）风格（图 2－18）

倡导"回归自然"，在室内环境中力求表现悠闲、舒畅、自然的田园生活情趣。

①设计元素　摇椅、小碎花布、铁艺制品、布艺。

②材料运用　天然木、石、藤、竹等材质质朴的纹理。

图 2－18　美式乡村风格

（2）地中海风格（图 2－19）

图 2－19　地中海风格

①设计元素　白灰泥墙，连续的拱廊与拱门，陶砖，海蓝色的屋瓦和门窗，多采用开放式自由空间。

②材料运用　马赛克镶嵌、陶砖、小石子、瓷砖、贝类、玻璃片、玻璃珠等素材。

③地中海风格常用三种典型的颜色搭配

a. 蓝与白：比较典型的地中海颜色搭配，加上混着贝壳、细沙的墙面，小鹅卵石地、拼贴马赛克、金银铁的金属器皿等的运用。

b. 黄、蓝紫和绿：具有自然美感。

c. 土黄及红褐：体现大地般的浩瀚感觉。

（3）东南亚风格（图2－20）

图2－20 东南亚风格

①材料运用 取材自然是东南亚家居最大的特点。

②色调 色泽以原藤、原木的色调为主，大多为褐色等深色系，在视觉感受上有泥土的质朴。

③装饰元素 布艺点缀搭配（泰丝），在装饰上用夸张艳丽的色彩冲破视觉的沉闷。

（4）新中式风格（图2－21）

图2－21 新中式风格

以中国传统古典文化作为背景，营造的是极富中国浪漫情调的生活空间。

讲究空间的层次感，在需要隔绝视线的地方，使用中式的屏风或窗棂、中式木门、工艺隔断、简约化的中式“博古架”，通过这种新的分隔方式，单元式住宅展现出中式家居的层次之美。再以一些简约的造型为基础，添加了中式元素，使整体空间感觉更加丰富，大而不空、厚而不重，有格调又不显压抑。

2.2.3.3　绘制图纸要求

①平面的造型与初步立面设计、剖面相对应，切忌平立面对不上号。所以在画平面图时相应的要考虑到立面设计。

②平面布置图中出现双开门的地方，注意留出门套线尺寸。细节部分需要画出大样图或剖面图。

③顶棚布置图中，若有复杂造型的，需要画出剖面或者详图。

④地面铺装图注意事项　地面铺装图可精简、可拼花（强调：若拼花，需要画出尺寸大小详图大样）。

a. 地面铺装中，如拼花，可在边沿画出波打线（80mm），这样整体会更严谨。

b. 地面铺装图中注意边沿线的连接，可采取不同材料或者不同名称的材料。

⑤平面布置图绘制注意事项

a. 注意平面各处标高、功能区标识、尺寸规范性。

b. 注意平面布置图中表现形式（主要从规范性、美观性考虑）。

c. 在制图过程中，可能会发现原来没发现的问题，需要及时更改方案，需要和教师、组员等一起商量讨论。

2.2.3.4　效果图表现

①注意透视方式及视角的选择与绘制。

②注意主色的选择与运用。

③注意辅助色的选择与运用。

④注意把握空间感、光影关系的表达与再表现。

⑤注意质感的表现。

⑥注意饰品、植物的表现。

⑦注意氛围的表现。

别墅装饰效果如图 2－22 所示。

2.2.4　别墅设计与公寓设计的区别

2.2.4.1　公寓与别墅都是人类居住空间的一种形态

公寓式住宅是相对于独院独户的西式别墅住宅而言的。公寓式住宅一般建在大城市，大多数是高层大楼，标准较高，每幢建筑物内有多套居住单元，供多户居住使用，建筑物内的走廊、楼梯、电梯等为公用；每一层内有若干单户独用的套房，包括卧室、起居室、客厅、浴室、厕所、厨房、阳台等，套内面积有大有小；还有一部分附设于旅馆酒店之内，供一些常来常往的客商及其家眷中短期租用。

别墅一般有两种类型：一种是住宅型别墅，大多建造在城市郊区附近，或独立或群体，

图 2－22　别墅装饰效果图

环境幽雅恬静，有花园绿地，交通便捷，便于上下班；另一种是休闲型别墅，建造在人口稀少、风景优美、山清水秀的风景区，供周末或假期度假消遣或疗养或避暑之用。别墅一般造型雅致美观，庭院视野宽阔，花园树茂草盛，有较大绿地；内部设计得体，厅大房多，装修精致高雅，厨卫设备齐全，通风采光良好；还有附属的汽车间、门房间、花棚等。

社区型的别墅大都是整体开发建造的，整个别墅区有数十幢独立独户别墅住宅，区内公共设施完备，有中心花园、水池绿地，还设有健身房、文化娱乐场所以及购物场所等。

在建筑形态方面，别墅多为 2～3 层的单体或连体建筑组成，各个建筑之间布以较为宽敞的空间和绿化。在建筑群的中心区域或一角，一般会配以社区中心，包含各种公共设施，如购物、餐饮、健身及娱乐等。别墅一般在底楼布置客厅、家庭厅（图 2－23）、餐厅、厨房、卫生间及佣人房，而两楼则布置卧室。

2.2.4.2　区别

（1）功能需求不同

别墅设计的重点是对功能和风格的把握。由于别墅面积较大，一般有八九个房间，如何分配空间功能就是首要的问题。往往大面积的空间功能重复，让别墅居住者觉得其生活质量并没有很大程度的提高。而公寓设计与别墅设计截然相反，更多地注重实用性。

因别墅客户的功能需求比公寓业户的需求更多，在别墅设计中，根据房间的大小，平面位置可增加较多功能性房间，例如，健身室、视听室（图 2－24）、酒窖、音乐厅等。

图 2 - 23　别墅家庭厅效果图

图 2 - 24　别墅视听室效果图

（2）空间界面动线设计不同

别墅与公寓设计中空间动线设计不同，空间走向不同。再大、再复杂的别墅，平面构思规划是别墅设计成功的第一要系。别墅面积一般都比较大，不仅有多层平面横向空间，还有平面垂直纵向空间、多角度空间。别墅空间设计构成元素显然会比普通公寓房多一些，自然分量也相应会重一些。

动线就是把人的活动串联起来，使空间的格局满足人的需要。别墅动线设计者通过动线设计可以有意识地以人们的行为方式加以科学的组织和引导，向人们传达动静分区的概念。

别墅动线基本分为家人动线、家务动线、访客动线三大类。这三条动线不能交叉，这是别墅动线设计的基本原则。如果一个住宅动线设计不合理，动线交叉，就会让人感觉室内的功能区域非常混乱。

①家人动线　家人动线又分为以下几种：

a. 入户活动动线：主要是从大门—玄关—卫生间—厨房—客厅—卧室这样一个动线的走向（图 2－25）。

b. 休息睡眠动线：卧室—更衣室—化妆间—卫生间—书房。

c. 学习放松动线：书房—阅读空间—阳台。

d. 健身休闲动线：更衣间—卫生间—健身房—厨房。

e. 就餐动线：卫生间—厨房—餐厅—客厅。

图 2－25　别墅走廊效果图

这五条动线设计要充分尊重主人的生活习惯，明确动线的相对私密性，为人们夜间起居提供了便利。

②家务动线　家务动线主要是涉及厨房、餐厅、洗衣间这三个区域，其中储藏柜、冰箱、水槽、炉具的摆放顺序，决定了厨房动线。通常来说家中的厨房都比较狭窄，动线通常排成一直线，即使如此，顺序不当还是会引起使用上的不便。

③访客动线　访客动线主要指由大门进入客厅区域的行动路线。访客动线不应与家人动线和家务动线交叉，以免在客人拜访的时候影响家人休息或工作。别墅中，在起居室中划分出单独会客室是必要的。单纯大面积的客厅效果并不佳，通过动线的细分，从而科学地分割空间，这才是别墅设计的根本。

④影响动线好坏的六个因素

a. 树枝状动线关系：客厅、厨房、卧室之间三大功能区，树枝状的住宅动线关系是最理想的，因为能体现出各功能区的分区及分流。

b. 并联动线关系：主通道至男女主人卧，两个儿童房间属于并联动线。

c. 串联动线关系：通道与客卧、酒吧与酒窖属于串联动线。

d. 交叉动线关系：保姆房与洗衣间。

e. 动静动线关系：影音室与酒吧区。

f. 干湿动线关系：卫生间与更衣间。

（3）设备选择不同

别墅与公寓设计中很重要的一点就是设备的设计与协调。在公寓的装修设计中，水电设计比较简单。但对于别墅来说，设计过程中牵涉的内容很多，包括取暖方式、中央空调、安防系统、中央净水、软水以及大量的设备，而且由于面积大，空间穿插交错复杂，水电设计就要考虑得特别周到、科学，注意主光源、辅助光源、艺术点光源的合理配置以及楼层间照明的双回路控制等，所有这些专业配置，必须要以较高专业水准的标准来设计和施工，才能确保万无一失。

公寓可能会只装部分设备，但人性化光源设计、电位及开关设计还是非常有必要的。

（4）配饰选择不同

后期配饰也是必不可少的，合理的配饰会起到画龙点睛的功效，看似不经意的一幅画，一盆花，一个陶瓷，一尊雕塑，都与周围的环境相互融合，和谐共鸣；包括家具、窗帘、摆饰、餐具以及个人饰品，要想达到理想的效果，需在专业家居配饰设计师的指导下，用专业的眼光完成真正意义上的“别墅装修配饰”工程（图2－26）。对高档公寓来讲，满足一个基本的生活需要，作为日常居住的公寓，首先要考虑到日常生活的功能，要求艺术化但不能太夸张，应多一些实用性与功能性。

（5）别墅花园景观不同

别墅设计还要注意室外花园与室内环境的互相呼应和融合（图2－27）。室外花园要做到“移步易景”“四季皆有景”，依据花园的大小和客户的财力做一些个性化的设计，比如游泳池、鱼塘、葡萄架，甚至曲径、亭台，然后种些养眼的花木，私家花园无论走到哪个区域都有景可看，一年四季都充满生机与活力。室内要充分运用借景手法，把室外作为室内环境的延伸（图2－28）。

图 2-26　别墅客厅效果图

图 2-27　别墅景观手绘图

图 2－28　别墅景观效果图

2.2.4.3　别墅效果图案例赏析

图 2－29 至图 2－33 为几种居室的设计效果图。

图 2－29　别墅地下多功能厅设计

图2－30　别墅首层客厅设计

图2－31　别墅首层餐厅设计

图 2－32　别墅二层卧室设计

图 2－33　别墅三层主人房设计

思考与练习

1. 别墅建筑装饰设计与一般住宅建筑装饰设计的区别？
2. 别墅建筑装饰设计空间的功能需求有哪些？
3. 别墅建筑装饰设计常见的风格有哪些？分别有什么特点？
4. 别墅装饰设计开放性空间和私密性空间分别有什么设计要求？
5. 别墅空间卧室设计设计常见的要素有哪些？
6. 别墅空间装饰中楼梯设计应该注意哪些事项？

项目三　办公建筑室内外装饰设计

3.1　教学实施方案

3.1.1　学习目标

（1）能够根据办公空间的要求，合理布置空间划分。
（2）能够根据办公空间的划分及功能的要求，对地面进行划分和设计。
（3）能够对办公建筑的界面要求进行综合设计。
（4）能够结合办公空间顶棚设计及空间、功能要求进行照明设计。
（5）能够根据办公建筑的使用特征，对室内家具进行造型。
（6）能够根据办公空间的要求，结合设计风格，对顶棚造型进行设计及绘制。
（7）能够根据设计施工图方案完成效果图绘制。
（8）能够根据具体的施工图和效果图编制预算文件。

3.1.2　设计任务书

3.1.2.1　设计任务

装饰设计（建筑设计）公司办公室空间设计。

3.1.2.2　设计要求

（1）掌握办公建筑室内设计的基本原理，在满足功能问题的基础上，力求方案有特色。风格不限，造价不限。

（2）要求反映公司形象，突出公司经营理念。

（3）针对办公空间的需要，充分考虑各功能分区，组织合理的交通流线。

（4）充分利用已有自然条件和建筑结构，结合公司的办公特点进行合理的设计，创造出高效、舒适的办公室内空间环境。

（5）合理把握对色彩、光环境、声环境、办公陈设、绿化以及室内景观的塑造。

（6）需满足办公建筑室内设计和办公建筑防火的规范要求。

（7）以人体工学的要求为基础，满足办公性质与特点，进行合理的行为、心理尺度的设计。

（8）设计的空间与功能的安排：入口、门厅、接待室（洽谈室）、大会议室（间）、小会议室（间）、设计一室（方案室，以3～4人为宜）、设计二室（施工图室，以6～8人为宜）、设计三室（效果图室，以6～8人为宜）、出图室、档案室、资料室、财务室、总经理室、总工室、项目施工经理室等。

另外可增设休息区（咖啡吧）、餐饮区、开水间、优秀成果展区、装饰材料展区等。

（9）其他空间：电梯出口、公司入口与门厅、前台、等候区、客服交流厅（普通客户洽谈桌若干张）、高端客户交谈室、会客室（区）、打印与出图室、材料展示室（区）。

（10）参考福州某建筑装饰工程有限公司设计部的人员结构。

①设计部：

设计一部　总监1人、家装设计师2人、家装绘图员3～4人。

设计二部　总监1人、公装设计师2人、公装绘图员5～7人。

设计三部　总监1人、酒店设计师2人、酒店绘图员5～8人。

②效果图制作部：4人。

③成本核算部（工程预算）：4人。

④施工部：

施工一部　家装施工主管1人、家装现场管理3～4人（没有办公空间）。

施工二部　公装施工主管2人、公装现场管理部8～10人（没有办公空间）。

⑤人力资源部（行政部）：行政主管1人、管理人员2人。

⑥财务部：财务会计主管1人、出纳2人。

⑦高层人员：总经理1人（配秘书1人）、副总经理2人、总工程师1人、施工总监1人。

3.1.2.3　设计内容

（1）总平面布置图（1∶100）。

要求：标注各房间、各工作区和功能区名称，有高差变化时须注明标高，应布置家具及设备，应有大尺寸和材料标注。

（2）地面铺砖图（1∶100　1∶200）。

要求：标注各房间、各工作区和功能区名称，有高差变化时须注明标高，地面铺砖的材料应有尺寸和材料标注。

（3）总平面布置详细尺寸图（1∶100　1∶200）。

要求：标注各房间、各工作区和功能区名称，有高差变化时须注明标高，布置的家具及设备都应有详细尺寸标注。

（4）墙体定位图（1∶100　1∶200）。

要求：应有尺寸和材料标注。

（5）功能分析图。

要求：徒手马克笔。

（6）交通流线分析图。

要求：徒手马克笔。

（7）顶棚镜面图（1∶50　1∶100）。

要求：标注各顶棚标高、材料；布置灯具、窗帘和设备。

（8）顶棚详细尺寸图（1∶50　1∶100）。

要求：详细标注各顶棚标高，灯具、窗帘和设备的尺寸。

（9）立面图（1∶20）。

要求：不少于8张；要体现设计风格特色、装饰艺术，标注尺寸及材料。

（10）顶棚或立面设计的构造节点图（1∶20　1∶10　1∶5）。

要求：不少于4张，标注尺寸及材料。

（11）色彩渲染图。

要求：可用3D或手绘色彩渲染图，图幅为A3。

（12）局部透视图。

要求：数量不限，徒手描绘或马克笔快速表现。

（13）设计说明。

要求：800字；说明设计的构思与理念、分析材料的选择与搭配。

（14）主要的材料样板、家具、灯具选型的示意图片（可以贴示意图）。

（15）预算编制。

3.1.2.4　设计规格

（1）图纸规格：297mm×420mm（如果平面图图幅受到限制，就用A3加长或者A2的图纸，最后装订的时候折叠成A3大小）。

（2）每张图纸须有统一格式的图名和图号；详细的尺寸、材料标注。

（3）表现方式不限（电脑CAD图纸）。

3.1.3　工作任务分解

任务一、方案设计前期准备（表3－1）

表3－1　　**方案设计前期准备**

内容、步骤	职业技能及方法	学习知识点	考核点
场地分析	1. 培养装饰设计师职业岗位中现场考察（现场尺寸，上下水位、空调、门窗位、房屋层高、楼梯踏步、阳台露台等）的能力； 2. 确定办公空间结构，丈量实际面积并绘制详细的户型结构图； 3. 测绘资料整理及现场加工能力	本阶段要求将方案设计前期准备所收集的实地勘查资料进行列表分析，分析现场条件的利与弊，相应考虑处理方式，并抓住主要信息作为设计定位依据： 1. 分析电、水、气等设施的规格、位置、走向及建筑结构关系； 2. 综合分析建筑内部情况、与周围建筑的关系及配套设施情况与位置； 3. 测量客户房屋； 4. 建筑施工图的识读，建立空间概念	1. 办公空间分析报告或图解； 2. 客户需求分析报告或图解
市场调研	1. 查阅收集相关项目的文献资料，了解有关的设计原则； 2. 对设计项目性质、办公需求、特点、内在联系做出分析的能力； 3. 与不同职业的客户沟通的能力	通过对客户和潜在客户的主动沟通与了解，帮助客户建立装饰的整体构想	

任务二、设计分析与定位（表3－2）

表3－2　**设计分析与定位**

内容、步骤	职业技能及方法	学习知识点	考核点
客户信息与设计要求分析	1. 了解客户信息与设计要求分析、场所实际情况的分析； 2. 建筑的现场测量数据加工能力； 3. 参阅、收集相关资料，为设计工作的开展做必要的准备	本阶段要求将方案设计前期准备所收集的信息进行列表分析，并抓住主要信息作为设计定位依据： 1. 结合设计项目各部门人员工作的性质、特点和内在联系分析空间组织关系； 2. 结合工作流程确定交通流线与空间分布； 3. 结合所进行工作性质确定空间功能关系	1. 设计方案的初步设计定位； 2. 办公空间设计风格的特点、设计元素的收集分析； 3. 空间功能需求的分析草图； 4. 确定空间功能定位
设计风格确定	1. 办公空间设计风格与理念定位； 2. 室内设计风格体现的能力； 3. 结合空间实际分析情况对空间尺度、形态等进行调节的能力	本阶段要求完成设计风格与理念定位 1. 综合所得信息进行设计理念定位； 2. 综合办公空间设计要求和场所实际情况进行设计	

任务三、草案设计（表3－3）

表3－3　**草案设计**

内容、步骤	职业技能及方法	学习知识点	考核点
空间初步规划	1. 办公建筑空间中各功能区域的合理布局； 2. 解决功能区之间的相互关联、过渡和协调呼应关系； 3. 安排家具和各种设施； 4. 办公建筑空间室内设计风格定位； 5. 能够灵活运用空间的类型，对空间进行合理布局； 6. 能够合理地组织交通流线； 7. 满足功能的基础上，恰当运用室内设计要素，设计要适合客户的身份特点	（一）办公空间设计总体要求 1. 各类用房之间的面积分配比例，房间的大小及数量； 2. 各类房间所在位置及层次； 3. 综合型办公室不同功能的联系与分隔； 4. 办公室平面布置应考虑必要的活动空间尺度； 5. 办公室平面工作位置的设置安排。 （二）功能区域的安排 1. 功能区域的安排，合理的平面布局顺序； 2. 每个工作程序须有相关的功能区辅助和支持	1. 空间组织与划分草图； 2. 家具设计与布置草图； 3. 主材选用情况说明； 4. 设计主题的确定及体现主题的手段的确定； 5. 风格造型的确定； 6. 意向图、草案的设计图
空间深化设计	从空间的角度对草案进行细化设计，注意材质的衔接与过渡，材料的选用与其他设计因素要相互依托	了解常见材料在室内设计中的运用方法和技巧，能够根据不同的空间性质选择、搭配材料，使之较好地体现空间的使用要求和效果	

任务四、方案深化和图纸绘制（表3－4）

表3－4　　方案深化和图纸绘制

内容、步骤	职业技能及方法	学习知识点	考核点
施工图绘制	在草案基础上就空间的合理性、技术性进一步细化，并对立面图、顶棚图等进行深入设计；结合制图规范进行图纸绘制	施工图设计的基本步骤和方法；施工图设计的要求与内容	1. 办公建筑室内空间设计总平面图； 2. 办公建筑室内空间设计顶棚图； 3. 办公建筑室内空间设计地铺图； 4. 办公建筑室内空间设计立面图； 5. 预算编制
制作设计文件	根据已批准的初步设计方案进行施工说明书的编制和工程报价的编制	设计说明的编写，平面图、立面图、顶棚图、剖面图、节点详图的绘制和造价预算	

任务五、设计交流与评价（表3－5）

表3－5　　设计交流与评价

内容、步骤	职业技能及方法	学习知识点	考核点
设计交流	1. 总结工作过程； 2. 能够提出改进意见； 3. 能够进行资料文件的整理归档	1. 办公建筑空间设计的设计说明编写和讲演PPT文件编制及讲解； 2. 室内设计的风格样式和流派知识； 3. 家具与人体工程学； 4. 制图、色彩	1. 办公建筑空间设计的设计说明文件和设计分析讲解； 2. 工作程序、进度、内容计划规划情况； 3. 客户需求意向记录情况； 4. 量房数据及现场观测的记录情况； 5. 与人沟通交流情况
设计评价	掌握办公建筑室内设计评价的能力	掌握办公建筑室内设计评价： 1. 布局是否合理； 2. 是否符合人体工程学，交通线设置是否合理； 3. 用色是否符合色彩学原理； 4. 用色是否符合色彩心理学原理； 5. 设计风格是否统一，设计造型是否配合； 6. 人工照明设置是否合理； 7. 自然采光是否优化； 8. 材料使用是否符合现实要求，配搭是否合理； 9. 个体设计是否具有技术上的可实施性； 10. 设计是否在真实的预算范围； 11. 设计是否符合现行的技术规范与安全规范； 12. 设计个体的关系、尺度的把握是否合理； 13. 兴趣中心的营造； 14. 设计元素的应用； 15. 设计的创造性	

3.2 项目相关知识

在空间的概念上定义“办公空间”，顾名思义，“办公空间”是为人们工作需要提供可使用的环境，而它绝不仅指办公室之类的孤立的空间，而是相对于商业空间、娱乐空间、住宅空间等，供从事业务活动和机关、企事业等办理行政事务的办公环境系统（图3－1）。

图3－1 办公建筑室内设计

《雅典宪章》中曾经将人类的基本社会活动分为居住、工作、游戏、交通四大类。而办公是人类最重要的社会活动之一。其实真正意义上的办公空间是在西方工业革命以后才出现的。这段时期中社会飞速发展，出现新材料、新技术、新功能，从而产生了大量新的、更为自由和开敞的室内环境（图3－2）。

3.2.1 办公建筑室内外方案设计前期准备

（1）与客户的前期沟通

①充分了解客户对室内空间的使用要求。

②了解客户的审美倾向。

③了解客户的投资估算和投资定位。

④对某些特殊处理要与客户达成共识。

（2）项目现场的研究

①记录下各窗户的外部环境，便于划分内部空间时考虑朝向、光照、通风和景观等因素。

②测量项目设计需要的场地尺寸并进行详细记录（图3－3）。

③仔细考察建筑的结构，考虑将来装修结构的固定和连接方式。

图3－2 办公建筑室内办公区设计

图3－3 办公建筑室内原始现场

④检查楼板和天花是否有裂缝或漏水，窗户的接合处是否紧密，窗户的开关是否顺畅等建筑质量方面的问题。如有问题，应做好记录，提前告知客户，商讨解决方法。

⑤对一些较特殊的位置和结构（如特别低的梁和设施，妨碍空间的管道等）进行现场装饰处理的构思。

（3）项目分析与定位

项目分析的三个主要方面：

①客户信息与设计要求分析。

②场所实际情况的分析。

③设计风格与理念定位分析（图3－4）。

图3－4　办公建筑室内设计风格

（设计：赵景超　09级建筑装饰专业学生）

3.2.2　办公空间的功能与特征

办公空间设计是指对布局、格局、空间的物理和心理分割。办公空间设计需要考虑多方面的问题，涉及科学、技术、人文、艺术等诸多因素。办公空间室内设计的最大目标就是要为工作人员创造一个舒适、方便、卫生、安全、高效的工作环境，以便更大限度地提高员工的工作效率。这一目标在当前商业竞争日益激烈的情况下显得更加重要，它是办公空间设计的基础，是办公空间设计的首要目标。

办公室是脑力劳动的场所，企业的创造性大都来源于该场所的个人创造性的发挥。因此，重视个人环境兼顾集体空间，借以活跃人们的思维，努力提高办公效率，这也就成为提高企业生产率的重要手段。从另一个方面来说，办公室也是企业整体形象的体现，一个完整、统一而美观的办公室形象，能增加客户的信任感，同时也能给员工以心理上的满足。

办公空间设计中应考虑的因素：

①个人空间与集体空间系统的便利化。

②办公环境给人的心理满足。

③提高工作效率。

④办公自动化。

⑤空间划分的合理性。

⑥接待入口的整体形象的完美性。

⑦提高个人工作的集中力等。

3.2.3 办公空间的基本要素

从办公室的特征与功能要求来看，办公室有如下几个基本要素：

①秩序感　指形的反复、形的节奏、形的完整和形的简洁。

②明快感　指办公环境的色调干净明亮，灯光布置合理，有充足光线等，这也是办公室的功能要求所决定的。

③现代感　目前，在我国许多企业的办公室，为了便于思想交流，加强民主管理，往往采用共享空间、开敞式设计，这种设计已成为现代新型办公室的特征，它形成了现代办公室新空间的概念，如图3－5所示。

图3－5　现代新概念办公建筑室内设计

（设计：赵景超　09级建筑装饰专业学生）

3.2.4 办公空间的分类

3.2.4.1 以办公空间的布局形式分类

可分为单间式和开敞式。

①单间式　是以部门或工作性质为单位，分别安排在不同大小和形状的房间之中。特点是空间之间干扰小，可节省能源，如图3－6所示。

②开敞式　是将若干部门置于一个大空间之中，而每个工作台通常又用矮挡板分隔。其特点是节省空间，同时装修、供电、信息线路、空调等设施容易安装，费用较低。如

图 3 -7 所示。

另外，也有不少办公空间是在同一个单位中，同时采用间隔式和开敞式。

图 3 -6　单间式办公建筑室内设计

（设计：赵景超　09 级建筑装饰专业学生）

图 3 -7　开敞式办公建筑室内设计

3.2.4.2　以办公空间的业务性质分类

可分为行政办公空间、商业办公空间、专业性办公空间和综合办公空间。

①行政办公空间　即党政机关、人民团体、事业单位的办公空间，如图 3 -8 所示。

②商业办公空间　即商业和服务单位的办公空间，装饰风格往往带有行业窗口性质，应以企业形象统一的风格作为办公空间的形象，因此要注意形象塑造，如图 3 -9 所示。

③专业性办公空间　为各专业单位所使用的办公空间，其性质可是行政或是商家。不同的是这类办公空间具有较强的专业性，如图 3 -10 所示。

图 3－8　行政办公建筑室内设计

图 3－9　商业办公建筑室内设计

图 3－10　专业性办公建筑室内设计

④综合办公空间　以办公空间为主，同时包含公寓、工商业和展览场所等，如图 3－11 所示。

图 3－11　综合办公建筑室内设计

3.2.5　办公空间的布局设计

3.2.5.1　空间的平面设计

根据客户提出的需要设计平面布局图。例如：要有多少个部门和共用空间（如门厅、接待室、会议室、设计室、财务室、采购室等），领导需要多少面积和需要有怎样的设施等。

3.2.5.2　功能区域的安排

首先要符合工作和使用的方便。从业务的角度考虑，通常平面的布局顺序应是门厅—接待—洽谈—设计—软装—财务—总经理。此外有些还另有独立的茶水间。不同使用功能的办公空间对功能需求不同，如图 3－12、图 3－13 所示为装饰公司的办公室，在设计上就考虑了方案组、效果图组、施工图等功能分区的设计。

（1）门厅

门厅处于整个办公空间最重要的位置，是给客人第一印象的地方，应重点设计、精心装修，平均花费较高，面积要适度。在门厅范围内，可根据需要在合适的位置设置接待秘书台和等待的休息区，还可以安排一些园林绿化小品和装饰品陈列区，如图 3－14 所示。

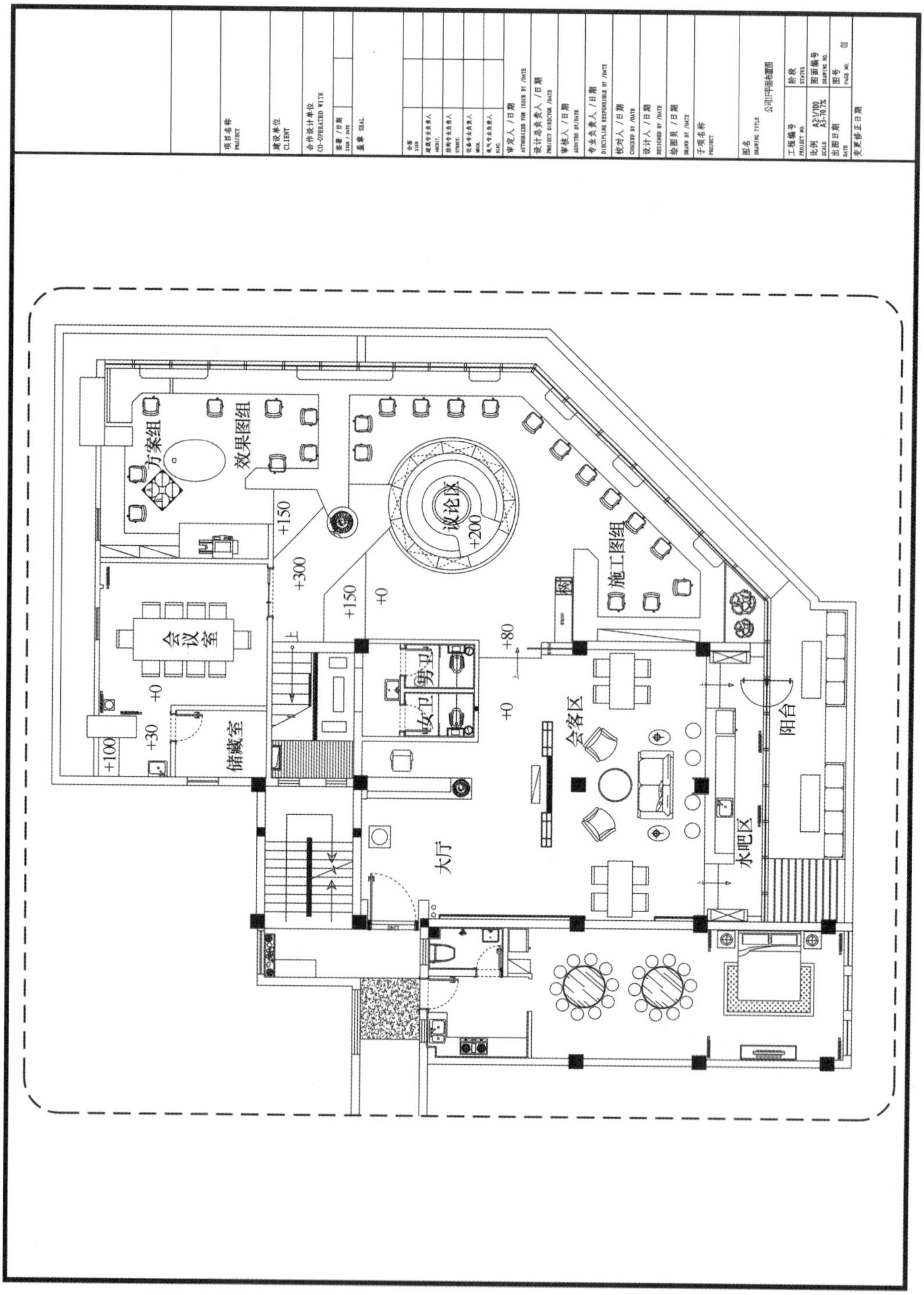

图3-12 金典铭筑办公中心一层平面布局
（金典铭筑设计团队作品）

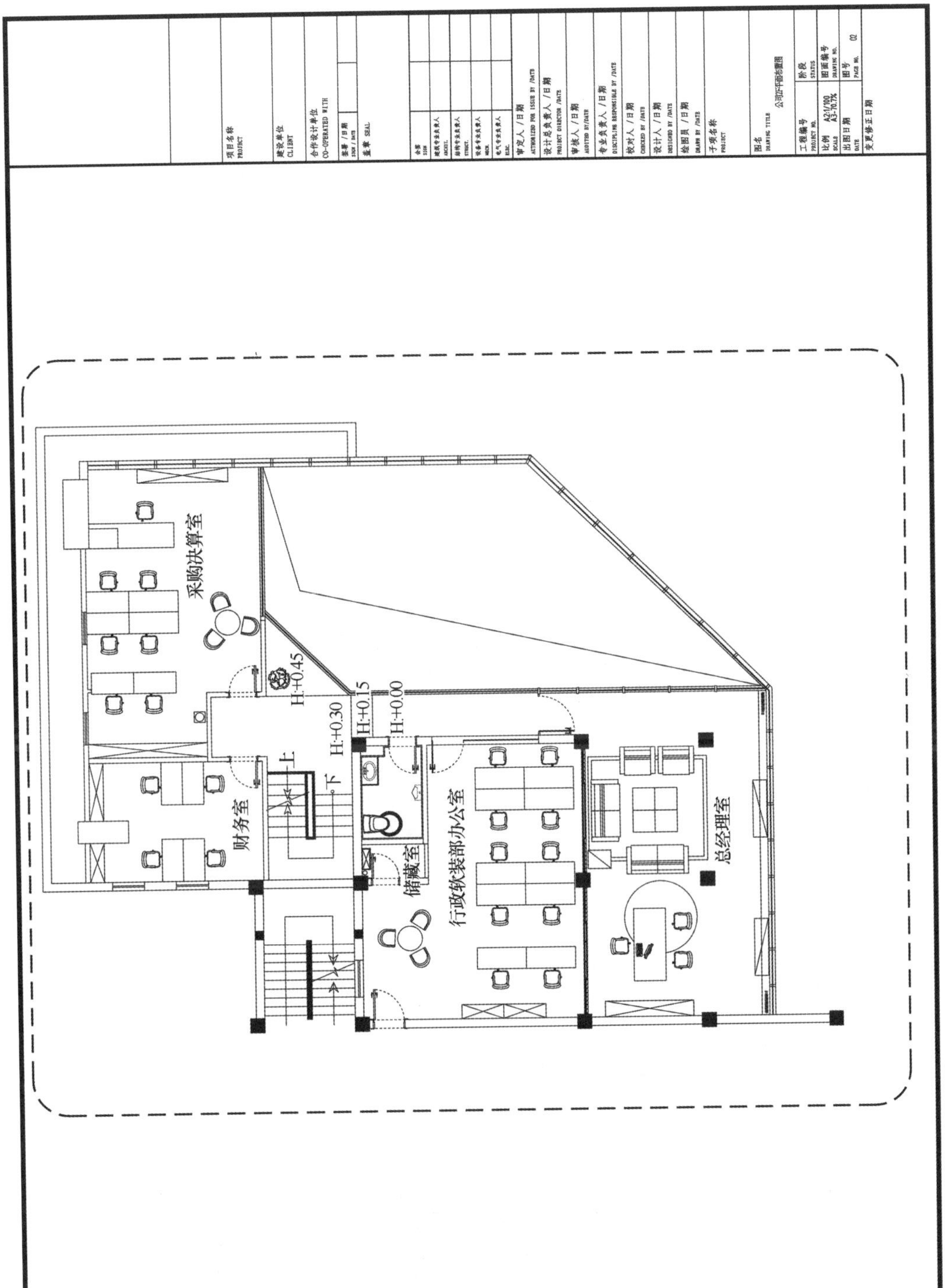

图3-13　金典铭筑办公中心一层平面布局
（金典铭筑设计团队作品）

（a）

（b）

（c）

（d）

图 3－14　金典铭筑办公中心门厅

（金典铭筑设计团队作品）

（2）接待室

接待室是一个企业的门脸，其空间设计要反映出一个企业的行业特征和企业管理文化，如图 3－15 所示。

（a）

（b）

（c）

图 3－15　金典铭筑办公中心接待室

（金典铭筑设计团队作品）

（3）工作区

工作区即员工办公区域，根据工作需要和部门人数，并参考建筑结构而设定面积和位置，要注意与整体风格的协调，如图 3－16 所示。

（a）　　（b）

图 3－16　金典铭筑办公中心工作区

（金典铭筑设计团队作品）

（4）经理办公室

这类办公室的平面布置应选通风和采光条件较好、方便工作的位置。面积要宽敞，家具型号较大，办公椅后面可设装饰柜或书柜，增加文化气氛和豪华感。办公台前通常有接待洽谈椅。地方较大的还可以增设带沙发茶儿的谈话和休息区。有些还单独设卧室和卫生间，如图 3－17 所示。

（a）

（b）

（c）

图3－17　金典铭筑办公中心经理办公区

（金典铭筑设计团队作品）

（5）会议室

会议室是用户同客户洽谈和员工开会的地方。如果使用人数在 20～30 人，可用圆形或椭圆形的大会议台形式；如人数较多的会议室，应考虑独立的两人桌；大会议室应设主席台；如办公空间紧凑，可以采用开敞式会议室设计，如图 3－18 所示。

（a）

（b）

图 3－18 金典铭筑办公中心会议室

（金典铭筑设计团队作品）

（6）资料室

资料室面积和位置除了要考虑使用功能方便以外，还要考虑保安和保养、维护的要求。资料室也可以和开敞办公区有机结合，既可以用存放资料的柜子来作为空间的分割，也可以方便资料的取用，如图 3－19 所示。

图 3－19 金典铭筑办公中心资料室

（金典铭筑设计团队作品）

(7) 茶水间

茶水间可以让员工自然地互相碰面，其不经意中聊出来的点子常常超出一本正经的会议，同时，也使员工间的交流得以加强，如图3－20所示。

(a)

(b)

图3－20　金典铭筑办公中心茶水间
（金典铭筑设计团队作品）

(8) 通道

在空间布置时要尽量减少和缩短通道的长度。主通道宽一般在1800mm以上，次通道也不要低于1200mm，如图3－21所示。

3.2.5.3　空间布局中应注意的事项

(1) 设计导向的合理性

设计的导向是指人在其空间的流向。这种导向应追求“顺”，而不乱，所谓“顺”，是指导向明确，人流动向空间充足，当然也涉及布局的合理。在具体的设计中我们可以采用一些色彩明快的造型来达到这个目的，如图3－22所示。

(2) 根据功能特点与要求来划分空间

在办公室设计中，各机构或各

图3－21　金典铭筑办公中心通道
（金典铭筑设计团队作品）

项功能区都有自身应注意的特点，应根据其特点来划分空间。因此，在设计中可以考虑经理、财务室规划为独立空间，让财务室、会议室与经理室的空间靠墙来划分；让洽谈室靠近于大厅与会客区；将普通职工办公区规划于整体空间中央；开敞办公区与资料区有机结合，等等。这些都是在平面布置图中应引起注意的，如图 3－23 所示。

3.2.5.4 办公空间的色彩与心理

一位心理学家曾经说过：人是有色彩的动物。这是因为，人不仅能识别色彩，对色彩的和谐还有一种本能的需求。和谐的色彩使人积极、明朗、轻松、愉快；不和谐的色彩则相反，它使人感到消极、抑郁、沉重、疲劳。

图 3－22 金典铭筑办公中心门厅导向性设计
（金典铭筑设计团队作品）

图 3－23 金典铭筑办公中心办公区与资料区融合设计
（金典铭筑设计团队作品）

办公空间色彩在一定程度上会影响员工的工作状况、工作满足感、交往舒适感和质量等，如图 3－24 所示。

(a)

(b)

(c)

图 3－24　金典铭筑办公中心色彩设计
（金典铭筑设计团队作品）

一般来说，办公空间色彩的配置依照“大跳跃，小和谐”的原则。
大跳跃——指办公室之间的色彩变化。
小和谐——指办公室内的办公家具等色调要与整个办公空间的色调和谐。
现代办公家具大概有 5 种色调：黑色、灰色、棕色、暗红和素蓝色。
办公桌以灰色系居多。

3.2.6 现代办公空间装修设计材料常用做法

(1) 天花

大多现代办公空间的设计在天花上用材都比较简单，常用石膏板和矿棉板天花或铝扣板天花，对设计元素要求比较高的办公建筑空间会采用各种造型和色彩大胆的天花设计。一般只会在装修重点部位(如接待区、会议室)做一些石膏板造型天花，其他部位大多采用矿棉板天花，不做造型处理。采用铝扣板天花会增加一些现代感，但造价要比矿棉板天花高得多。矿棉板天花和铝扣板天花同样的优点是便于天花内机电工程的维修（一般办公室的建筑层高都不会太高，不超过3.5m，即使做了石膏板上人天花，也无法上人对天花内机电管线进行维修)。对于一些设计元素要求较高的空间，例如设计工作室，广告公司类的办公空间，吊顶设计会有更加强烈的设计感，或者会有一些个性化的吊顶装饰图案和装饰品，如图3-25所示。

图3-25 金典铭筑办公中心天花设计
（金典铭筑设计团队作品）

(2) 地面

除特殊情况外，一般办公空间中采用最多的设计是方块毯，也有在接待厅采用大理石材料的，如图3-26所示。采用石材接待区地面时要考虑两个问题：一个是石材地面与地毯地面的接口问题，另一个是要考虑办公楼本身建筑上的承重问题。如建筑承重荷载承受不起时就不能采用石材地面。有时会在茶水间或储藏室里采用PVC地胶板（又名石英地板砖）或地砖地面，但在储藏室和茶水间里也有很多设计案例是采用方块地毯的。机房对地面有防静电的要求，必须采用防静电材料，如地砖、防静电木质地板、防静电架空地板等。

(3) 墙面

一般采用墙纸或乳胶漆；墙面采用墙纸会显得比乳胶漆要高档一些。墙纸和乳胶漆的颜色要选用较明快的色调，不能选用催眠的色调，让每个员工能保持高度的工作热情，如图3-27所示。

图 3－26　金典铭筑办公中心地面设计
（金典铭筑设计团队作品）

图 3－27　金典铭筑办公中心墙面设计
（金典铭筑设计团队作品）

3.2.7 办公空间的家具选择

3.2.7.1 办公空间家具的使用功能要求

①符合人机工程学。

②便于工作。

3.2.7.2 办公家具的结构与用材

目前，办公家具的构成材料如下：

（1）原木家具

一类是常见木材，如东北松、美国松等；另一类是较珍贵的木材，如红木、榉木、象牙木、酸枝木、紫檀木等，如图3－28所示。

图3－28 原木办公家具

（2）板式家具

主要有夹板、中纤板、高密板和刨花板等，如图3－29所示。

图3－29 板式办公家具

（3）金属家具

多为薄铁喷漆或不锈钢材料制作，如图 3－30 所示。

图 3－30　金属办公家具

（4）多材质家具

由金属、木料、胶合板、玻璃、塑料、石材、人造革或天然皮革等两种以上的材料构成，如图 3－31 所示。

图 3－31　多材质办公家具

3.2.8 办公空间的常用参数

（1）接待台

高度为1150mm左右，宽度为600mm左右，员工侧离背景墙距离为1300～1800mm，如图3－32所示。

图3－32 办公空间前台

（2）总经理室最小办公空间

宽度为3300mm，长度为4800mm。总经理办公桌规格：一般长度为2000mm，宽度为1000mm，板椅位宽度为1000mm左右，如图3－33所示。

图3－33 总经理办公室尺度

（3）会议室最小办公空间

宽度为3300mm左右，长度为5000mm，如图3－34所示。

图3－34 办公空间会议室尺度

（4）部门经理办公室办公空间

宽度为2700mm，长度为3300mm。办公桌尺寸为：长度为1800mm，宽度为900mm，如图3－35所示。

图3－35 部门经理办公室尺度

（5）员工区

办公桌尺寸为1400mm×700mm或1200mm×600mm，高度为700～800mm；办公椅长450mm，宽450mm，高400～450mm，位宽度为700mm，主通道宽度为1200mm（消防要求），如图3－36所示。一般办公桌组合常见的有一人工位、二人工位、三人工位、四人工位，如图3－37所示。

图 3－36　员工区尺度

（a）一人工位办公桌

（b）二人工位办公桌

（c）三人工位办公桌

（d）四人工位办公桌

图 3－37　办公桌组合

（6）沙发

一人式：长度 600～800mm，深度 800～900mm，高度 350～400mm。

双人式：长度 1260～1500mm，深度 800～900mm，高度 350～400mm。

三人式：长度 1750～1960mm，深度 800～900mm，高度 350～400mm。

四人式：长度 2320～2520mm，深度 800～900mm，高度 350～400mm。

不同规格的办公沙发很多时候都是混合使用的，如图 3－38 所示。

图 3－38　办公沙发

（7）茶几

小型—长方形：长度 600～750mm，宽度 450～600mm，高度 380～500mm。

中型—长方形：长度 1200～1350mm，宽度 380～500mm 或者 600～750mm，高度 380～500mm。

大型—长方形：长度 1500～1800mm，宽度 600～800mm，高度 330～420mm。

圆形：直径 750、900、1050、1200mm，高度 330～420mm。

方形：宽度 900、1050、1200、1350、1500mm，高度 330～420mm。

不同款式的茶几如图 3－39 所示。

（a）方形和长方形

（b）圆形

图3－39 办公茶几

（8）书柜

高1800mm，宽1200～2500mm，深450～500mm。办公书柜如图3－40所示。

图3－40 办公书柜

（9）书架

高1800mm，宽1000～1300mm，深350～450mm。办公书架如图3－41所示。

图 3－41　办公书架

思考与练习

1. 办公空间功能分区比例应该如何设计？
2. 办公空间设计色彩应该如何搭配？
3. 办公空间设计家具时需要考虑哪些因素？
4. 办公空间如何实现节能环保设计？
5. 办公空间照明和通风设计有哪些？

项目四　餐饮建筑室内外装饰设计

4.1　教学实施方案

4.1.1　学习目标

以餐饮建筑室内外装饰项目的设计为载体，训练学生在城市繁华商业街有限的场地内，组织好较为复杂的小型公共建筑的功能，培养方案构思与创意的能力。重点训练对空间的感知和空间设计的能力，创造富于个性与特色的餐饮环境与氛围，使学生了解餐饮建筑装饰设计的基本理论，掌握餐饮建筑装饰项目设计的工作流程和方法，提高设计和表达能力及建筑装饰设计师职业岗位职业技能。

4.1.2　设计任务书

4.1.2.1　设计项目

小型餐厅装饰设计。

4.1.2.2　项目条件

（1）学生可自定项目位置、区域环境、项目经营方式及餐饮类型。

（2）项目建筑面积 $350m^2$ 左右（上下浮动不超过 10%）。

（3）建筑结构类型：框架结构。

4.1.2.3　设计内容及要求

对小型餐厅室内区域（界面、门窗、柱等）、陈设（家具、灯具、窗帘等）及建筑外立面（店面、招牌）进行装饰设计，基本要求如下：

（1）风格把握准确，氛围营造充分，有一定的创意。以满足功能使用为前提，并同时考虑其合理性、技术性、经济性及艺术性。

（2）功能布局合理，联系紧凑，内部空间处理富有变化，使建筑室内外融为一体。

（3）图面完整，符合国家制图规范，表现充分。

（4）满足技术经济的基本要求：大餐厅净高不小于 3.0m，小餐厅净高不低于 2.6m，装设空调的餐厅净高不小于 2.4m，异型顶棚最低处不小于 2.4m，局部吊顶不低于 2.0m。厨房净高不低于 3.0m。

就餐区和厨房尽量考虑自然采光。

（5）设计应确保结构安全，在不影响原建筑结构的基础上进行。

（6）图纸要求：设计说明、平面图、地铺图、顶棚图、立面图（须表示空间界面装修、设施和相应的陈设设计等）、主要节点详图、主要材料表、主要空间效果图。图纸装订成册。

4.1.2.4　技术规范

（1）《民用建筑设计通则》（GB 50352—2005）

（2）《建筑内部装修设计防火规范》［GB 50222—1995（2005 年版）］

（3）《建筑装饰工程施工质量验收标准》

（4）《建筑制图标准》（GB/T 50104—2001）

（5）《建筑照明设计标准》（GB 50034—2004）

（6）《饮食建筑设计规范》（JGJ 64—1989）

（7）《商店建筑设计规范》（JGJ 48—2014）

4.1.3　工作任务分解

任务一、方案设计前期准备（表 4－1）

表 4－1　　方案设计前期准备

内容、步骤	职业技能及方法	学习知识点	考核点
场地分析	1. 明确设计任务，分析该餐饮建筑所处的环境情况，消费群定位； 2. 调研该餐饮建筑现场空间情况。详细掌握设计对象的面积、层高；空间形态、尺度；采光、通风条件；建筑结构构件、给排水口位置	1. 餐饮空间分类； 2. 不同类型餐饮的差异带来的装饰处理上的不同； 3. 餐饮类建筑装饰设计工作流程与方法	1. 形成内容完整、有分析结果的、不少于 2500 字的图文并茂的调研报告； 2. 以组为单位将调研分析制成 PPT 文档； 3. 沟通、表达能力
市场调研	1. 以组为单位（建议 3～4 人为一组，实行组长负责制），进行调研、分析。参阅、收集相关资料，为设计工作的开展做必要的准备； 2. 通过查阅资料、网络调研国内外同类型餐饮空间的优秀设计； 3. 对当地同类型餐饮建筑进行调研并对当地建材市场调研，了解熟悉餐饮建筑装饰材料		
调查分析交流	以组为单位，在班级展示 PPT，同时进行交流		

任务二、设计分析与定位（表4-2）

表4-2　设计分析与定位

内容、步骤	职业技能及方法	学习知识点	考核点
消费群与设计要求分析	1. 根据调研结果确定该项目消费定位，对消费群进行分析。分析其对餐饮环境的喜好以及对空间体验的需求； 2. 对该项目餐饮建筑的主体顾客人群的社会角色、工作经济状况、消费观念、空间喜好等进行调查分析	1. 餐饮建筑装饰设计要求与功能需求； 2. 餐饮空间设计原则与目的	利用图解分析的方法，确定项目功能与空间形状，确定其精神功能要求
设计风格确定	1. 对空间的风格定位、主题的相关内涵进行深入分析； 2. 主题的确立和创意的构想		

任务三、草案设计（表4-3）

表4-3　草案设计

内容、步骤	职业技能及方法	学习知识点	考核点
空间初步规划	1. 区域划分、平面功能分区。采用发散思维进行整体方案设计，可采用树状图、饼状图的形式； 2. 根据空间功能划分与风格主题定位进行整体效果表现； 3. 每组成员分别做出一个草案，再进行组内交流，明确各草案优缺点	1. 空间调节的方法和手段； 2. 餐饮建筑外立面设计（店面和招牌设计）要求与原则	1. 空间功能合理，功能分区，空间大小及形状符合人体工程学及设计定位； 2. 方案概念突出，特色鲜明
空间深化设计	1. 根据草案评选，每组确定一个最优草案，并综合小组成员草案的优点，进行空间深化设计； 2. 空间深化包括主材的选用，界面的设计。明确相关设计细节		

任务四、方案深化和图纸绘制（表4-4）

表4-4　方案深化和图纸绘制

内容、步骤	职业技能及方法	学习知识点	考核点
施工图绘制	通过交流沟通，在确定的最终方案的基础上，完成图纸绘制	1. 施工图绘制； 2. 餐饮空间文件输入； 3. 餐饮空间设计文件装订	图纸绘制符合规范，PPT制作完整有特色
制作设计文件	将设计文件汇编成Word文档并打印，制作PPT文档		

任务五、设计交流与评价（表4-5）

表4-5 设计交流与评价

内容、步骤	职业技能及方法	学习知识点	考核点
设计交流	每组选一位主辩同学（组内其他成员做补充），结合PPT，运用设计语言向其他组成员表达设计理念、设计特色、技术难题的解决等，并回答其他组成员及老师的提问	运用设计语言进行设计阐述	设计语言运用合理
设计评价	结合组内考核、学生间考核及教师考核进行		

4.2 项目相关知识

4.2.1 餐饮建筑装饰方案设计的工作程序与步骤

餐饮建筑装饰方案设计的工作程序包括设计准备阶段、设计构思阶段、初步设计阶段、方案深化阶段、方案确定阶段、施工监理阶段等几个方面。

4.2.1.1 设计准备阶段

在进行餐饮建筑装饰方案设计前，设计师接受了《设计委托书》后，有一个设计准备阶段。在此阶段，必须明确设计任务和要求，明确设计期限并制定设计计划进度安排，考虑各有关工种的配合与协调；根据任务的使用性质搜集所需创造的建筑室内外环境氛围、文化内涵或艺术风格等相关信息。在进行餐饮建筑装饰方案设计之前，首先应收集分析以下几方面的信息资料。

（1）建筑的资料

尽可能查看建筑工程的详细资料。对建筑的结构与构造要进行资料分析和现场勘察，着重了解建筑的受力结构和楼面的载荷情况，以便对空间结构的调整、分隔的落点和隔断的材料进行综合分析。要了解建筑的给排水系统，以便规划给排水设施和消防系统。要对建筑空间形态中的面积、形状、朝向、空高、采光、通风等方面的情况详细了解，通过测绘、摄影、摄像等方式获取设计数据和资料，为设计提供第一手资料。

（2）客户的要求和意见沟通

需要查询餐饮建筑空间设计的规范标准，熟悉与设计有关的规范和定额标准。要了解设计对象的规模、经营模式、装修预算、客户构想、管理经营理念、消费群定位、开业时间等；了解项目总投资的控制额度和资金重点投入的意向。明确设计任务和性质、功能要求、设计规模、等级标准、总造价等。

（3）了解顾客的情感需求

设计师服务的对象是客户和消费者。客户为直接服务对象，消费者为间接服务对象。

设计者必须了解客户的经营理念，客户的经营管理行为，客户对该餐饮业发展的计划和预见性，客户的投资情况等。消费者作为间接服务的对象，是通过我们所设计的空间所赋予的情感氛围和流程的安排去体验和享受成品的餐饮建筑空间，在与空间的交流中建立一种间接的服务关系。作为设计师应该了解消费者喜闻乐见的文化背景，人们需求什么样的环境，必须对所消费的对象进行深入细致的分析和研究。

4.2.1.2　设计构思阶段（设计分析与定位阶段）

构思的巧妙直接关系到作品的优劣与成败，以自己生活的体验和素材的积累，大胆想象，以自己的创作情感，找到最佳的主题思想，餐饮建筑空间装饰设计构思最忌雷同、抄袭、大同小异。设计时要有一个全局观念，掌握必要的资料和数据，从最基本的人体尺度、人流动线、活动范围和特点、家具与设备的尺寸和必须使用的空间设计等着手。思考从哪个角度表现餐饮建筑空间的主题；用什么形式表达餐饮建筑空间主题；用什么场景表现餐饮建筑空间主题。只要做好以上所讲的一系列准备工作，在设计时思考问题和着手设计的起点就高。

4.2.1.3　初步设计阶段（草案设计阶段）

在设计准备阶段的基础上，进一步收集、分析、运用与设计任务有关的资料与信息，构思立意，进行初步方案设计。

初步方案设计阶段包括以下几个方面的工作：

①方案构思计划　包括功能划分计划、空间处理计划、材料运用计划、设施计划、照明设计计划、形象计划、色彩运用计划等。

②视觉表现　以视觉传达的方式，运用能交流的语言符号，展示设计师的设计理念。

③方案比较　是对不同构思的几个方案进行功能、效果、经济等方面的比较，以确定施工方案，达到完美的设计效果。

④经费分配计划　包括设计所能提供的资金、设备所需要的资金、设施所需要的资金，以及一些不可预见的费用，都必须有一个周密的计划和安排。整个工程的资金认可后，如何安排和分配这些资金，设计师应该有周密的安排和绝对的把握。

4.2.1.4　方案深化阶段

方案深化阶段是对所选用的构思计划通过设计手段对室内空间的处理做深入细致的分析，以深化设计构思。

餐饮建筑空间设计的方案深化阶段包括：确定初步设计方案，提供设计文件。设计文件包括平面图、立面图、顶棚平面图、建筑装饰效果图、大样图，同时对建筑装饰做出预算。

（1）平面图

对设计方案进行空间计划、功能分区、人流动线的合理安排等，用平面表现的方式，绘成平面图，常用比例有1∶50、1∶100、1∶150、1∶200等。

（2）立面图

详细的立面图要明确表达设计师表现的意图，协调各个立面的关系，常用比例有1∶20、1∶30、1∶40、1∶50、1∶100等。

（3）顶棚平面图

表现顶棚平面的造型、照明设计、暖通、消防系统等详细的设计图。常用比例1∶50、1∶100、1∶150、1∶200等。

（4）建筑装饰效果图（室内预想图）

能清楚地表达设计师的设计意图，把设计预想清晰地呈现在大家面前。这是一个直观的设计表现手段，包括手绘预想图、电脑绘制预想图等。

（5）设计意图说明和造价概算

这是设计意图和设计思想的一个补充说明。造价概算是对设计作品做的一份经济可行性报告。

（6）施工设计大样图

初步设计方案需经审定后，方可进行施工图设计。根据设计所用的材料、加工技术、使用功能，有一个详细的大样图说明，以便形成具体的技术要求。设计大样图是明确地表现出技术上的施工要求和怎样完成这个工程的一个详细的图纸。施工图的内容还包括水、电、暖专业协调，确立相关专业平面布局的位置、尺寸、标高及做法、要求，使之成为施工图设计的依据。施工图设计阶段需要补充施工所必要的施工详图、设备管线图、编制施工说明和造价预算。

4.2.1.5 方案确定阶段

方案的确定是在设计准备阶段、设计构思阶段、初步设计阶段、方案深化阶段，施工图完成后，设计人员应向施工单位进行设计意图说明及图纸的技术交底；经过审核、校对、审定、设计、制图、描图等人员的签字，方案被确定下来，说明对方案的认可。

4.2.1.6 施工监理阶段

工程施工期间需按图纸要求核对施工实况，各专业须相互校对，经审核无误后，才能作为正式施工的依据。根据施工设计图，参照预定额来编制设计预算，对设计意图、特殊做法做出说明；对材料选用和施工质量等方面提出要求。为了使设计作品达到预期的效果，设计师还应参与施工的监理工作，协调好设计、施工、材料、设备等方面的关系，随时和施工单位、建设单位在设计意图上进行沟通，以便达成共识，让设计作品尽量做到尽善尽美，取得理想的设计效果。

设计师在施工监理过程中的工作包括：对施工方在用材、设备选用、施工质量方面做出监督；完成设计图纸中未完成部分的构造做法；处理各专业设计在施工过程中的矛盾；局部设计的变更和修改；按阶段检查工作质量，并参加工程竣工验收工作。

4.2.2 餐饮建筑分类的认识

随着社会进步和生活水平的提高，餐馆已不仅仅是提供饮食的场所，人们更加关注其在文化、情感交流上的作用。不同类型餐饮的差异带来了装饰处理上的不同。如不同的餐厅应该有不同的室内环境主题和风格。在主题和风格确定后，对空间、照明、家具、陈设等方面作出相应的处理，以进一步突出主题、深化主题。

4.2.2.1 按功能分类

餐饮类建筑按功能分类可分为餐馆与餐厅、酒吧、咖啡厅、快餐厅、宴会厅等。

(1) 餐馆与餐厅

餐馆与餐厅可分为中餐厅、西餐厅、日式餐厅等。

中餐厅是中国传统文化的继承方式，其以品尝中国菜肴、领略中华文化和民俗为目的，因此，在空间环境的整体风格上应追求中华文化的精髓，在装饰风格、室内特色以及家具、灯饰、陈设甚至餐具等方面都可围绕“文化”与“民俗”展开设计创意与构思。

西式餐厅泛指以品尝国外（主要是欧洲和北美）的饮食，体会异国餐饮情调为目的的餐厅。西式餐厅主要有以法国、意大利风格为代表的欧式餐厅，但更多的餐厅却不必十分明确到底代表了哪个国家的风格。西式餐厅与中式餐厅最大的区别是以国家、民族的文化背景造成的餐饮方式的不同。因此，淡雅的色彩、柔和的光线、洁白的桌布、华贵的线脚、精致的餐具加上安宁的氛围、高雅的举止等共同构成了西式餐厅的特色。

餐馆与餐厅的功能空间一般有入口、接待台、服务台、客席、办公室、服务人员休息室、配餐间、厨房（主、辅厨）、冷藏间、洗手间等。

(2) 酒吧、咖啡厅

酒吧和咖啡厅主要是公众的休闲、娱乐场所，餐饮文化特征比较明显。

酒吧间一般分为吧台席和坐席两部分，也有少数设有少量的站席。除此之外，还设有办公室、厨房、化妆室、音响间等功能空间。酒吧间的席位数一般是根据使用面积来决定，通常每席占 1.1 ~ 1.7m^2 的使用面积（图 4－1）。

咖啡厅设计中创造良好的气氛很重要，要营造出舒适、轻松、高雅、浪漫的气氛，让顾客充分地感受到氛围非常重要。空间处理应尽量使人感到亲切，家具应成组的布置，且布置形式应有变化。家具形状多以简洁明快为主，追求一种随意的气氛（图 4－2）。

图 4－1　酒吧家具布置

图 4－2　咖啡厅家具布置

（3）快餐厅

快餐厅适应了现代人快节奏的生活方式，因此，空间处理应简捷明快、鲜明活泼。功能空间一般有入口、收款台、配餐间、坐席、厨房、办公室等。

（4）宴会厅

宴会厅是为了满足特殊要求而设置的，只适用于一些特殊的场合。宴会厅常设计为可活动的空间，以供举行各种宴会、酒会、冷餐会等。

4.2.2.2 按其布置形式、所处位置及与周围建筑的关系分类

大体可分为夹缝式、综合体式、独立式。

（1）夹缝式

在城市商业地段或干道旁，餐馆和饮食店穿插在其他店铺之间，鳞次栉比地布置，餐饮店的用地形状取决于左、右侧或左、右、后三侧与其毗邻建筑的占地和形状，这往往是旧城区多年形成的用地格局，餐饮店就在这有限的“夹缝式”用地和空间内布局和发展，因此，叫作“夹缝式”餐饮店。这类餐饮店大多为中小型，是目前遍布我国城镇中数量最多的一种餐饮建筑类型，其档次多属大众化的消费水平。

夹缝式餐饮店往往只有一个立面对外，在繁华的商业街上，各式店铺千姿百态，都想取悦于顾客，餐饮店要想一枝独秀，引人注目，立面设计自然重要，需要有明显的个性特征。在夹缝式餐饮店设计中，由于用地形状不规则，空间发展制约大，设计者若能因地制宜，巧于因借，有时反而能获得独特的效果。目前这类餐饮店不少标准尚偏低，餐饮环境差，随着经济水平和人们生活质量的提高，这类餐饮店的室内环境及外立面必将相继进行改造和更新。

（2）综合体式

在城市中心的繁华商业地段，地皮昂贵，随着城市商业中心区的改造和再开发，建筑往往向大型化、综合化发展，而与人们生活休戚相关的餐饮业也必然跻身其中，成为综合体的一部分。因此，在旅馆、写字楼、购物中心及各种多功能商厦都附设有餐馆、快餐厅、咖啡厅等，使人们在工作、生活、购物、娱乐之余，足不出楼就很方便地找到就餐、就饮之处及休憩、消遣的场所，适应现代化都市生活的需要。而多种物业的综合开发、综合经营，又在相互依存、相互促进中同时获得发展。目前在国际上流行的购物中心的布局，是以室内步行街连接端部的大型百货商场，而在步行街上除设置中小型零售店铺外，都穿插有不少餐饮、娱乐设施，同时在百货及零售店的上层，往往还设置一个大型的美食广场或一条饮食街，以吸引顾客向上消费。为顾客提供餐饮及休憩场所，这是比较典型的购物中心的格局，餐饮店穿插在大型商业综合体中，成为综合体的一个组成部分。

而在宾馆、写字楼及各类商厦内附建的餐饮店，一般有两种布局，一种是在平面上划出相对独立的一区，位置或是在裙房，或在高层的顶部，经营的大多是正规的中、西餐或咖啡厅；另一种是将餐饮融入综合体的公共大空间中，例如在中庭设咖啡厅、快餐厅、自助餐厅等，用绿化、围栏、水体、阳伞等从中庭里圈出一方餐饮空间，其图案化的餐座布局，漂亮的餐桌陈设，成了中庭的点缀，而人的餐饮活动，又使中庭更加生机盎然，成为真正的交往空间。

由于综合体的类型、规模及功能的不同，将影响餐饮店的顾客构成及经营定位。例如在香港高层写字楼区的餐饮业，中午侧重于为白领阶层提供快餐、便餐，而晚餐则经营正餐饭市，早、午后及晚餐后则经营茶楼，即“三茶二市”。在内地，一般在宾馆、写字楼的餐饮店多为高中档，而购物中心、商住楼内的餐饮店，经营定位多为大众化。

综合体式的餐饮店大多没有外立面，即便有也是在服从主体的基础上做标牌广告，重点在于室内餐饮店入口的门脸设计及店堂内的餐饮环境设计。

（3）独立式

指单独建造的餐馆、饮食店，大多为低层，用地比夹缝式宽敞，左右不挨着邻近建筑，有的门前有停车场，甚至水池、雕塑小品，如北京的隆博广场、丰泽园饭庄。大多有若干个餐厅、咖啡厅，有的还有卡拉、台球等娱乐设施。独立式餐饮店多建于城市干道侧、高速公路旁、公园或旅游度假点。

4.2.3 餐饮空间设计的原则

4.2.3.1 多种空间形态的组合创造多彩的餐饮空间

设想一下，我们如果在一个未经任何处理、只有均布的餐桌的大厅，即单一空间（如食堂餐厅）里就餐就饮，该是何等单调乏味。如果将这个单一空间重新组织，用一些实体来围合或分隔，将其划分为若干个形态各异、相互流通、互为因借的空间，将会有趣得多。可见，人们厌倦空间形态的单一表现，喜欢空间形态的多样组合，希望获得多彩的空间。因此，餐饮建筑室内设计的第一步是设计或划分出多种形态的餐饮空间，并加以巧妙组合，使其大中有小，小中见大，层次丰富，相互交融，使人置身其中感到有趣和舒适。

4.2.3.2 空间设计必须满足使用要求

建筑设计必须具有实用性。因此，餐饮空间的形态、大小及空间的组合与分隔，必须从实用出发，即必须注重空间设计的合理性，以满足餐饮活动的需求。尤其要注意满足各类餐桌椅的布置和各种通道的尺寸，以及送餐流程的便捷合理。餐厅的面积可根据餐厅的规模和级别综合考虑，通常每席占 $1.0\sim1.5m^2$ 的使用面积。餐厅面积指标的确定要与餐厅消费定位等结合考虑，指标过小，空间较拥挤；指标过大，会造成空间的浪费。顾客就餐活动路线与送餐服务路线避免重叠，同时还要尽量避免主要线路的交叉。

4.2.3.3 空间设计必须满足工程技术要求

材料和结构是围隔空间的必要的物质技术手段，空间设计必须符合这两者的特性。而声、光、热及空调等技术，又是为空间营造某种氛围和创造舒适的物理环境的手段，因此，在空间设计中，必须为上述各工种留出必要的空间并满足其技术要求。

4.2.4 餐饮建筑装饰中的人体工程学知识

4.2.4.1 餐座布置心理与人的行为

①餐馆和饮食店的座位布局不仅要通盘考虑空间设计、使用要求、人体尺度，还要符合人的行为心理需求。

社会学家德克·德·琼治对餐厅和咖啡馆中的座位选择进行了专题研究后发现，有靠背或靠墙的餐椅以及能纵观全局的座位比其他座位受欢迎，其中靠窗的座位尤其受欢迎，因为在那里室内外空间可尽收眼底（图4－3、图4－4）。

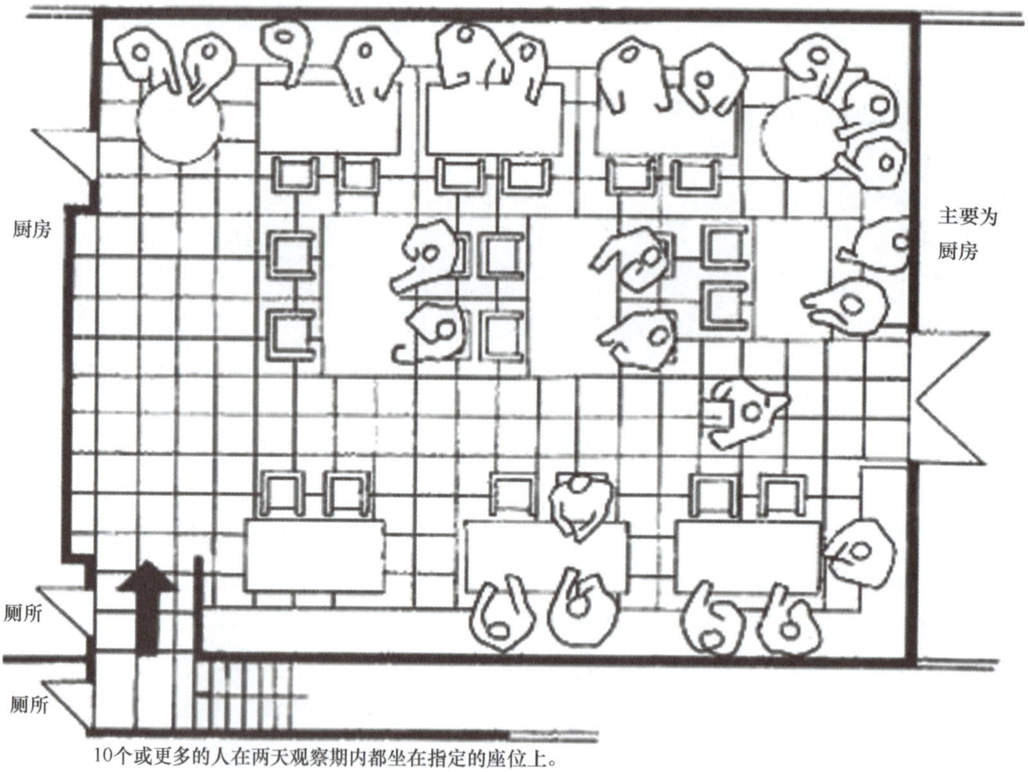

图4－3　在餐厅人们选择位置的频度

图4－4　新华联品味烤鱼餐厅空间布局
（设计：谢明才，09级建筑装饰专业学生）

餐厅的领座员也证实，许多客人无论是散客还是团体客人，都明确表示不喜欢餐厅中间的桌子，希望尽可能得到靠墙的座位。这是因为靠窗、靠墙的座位，或有靠背的座位（如火车座式餐桌）是有边界的区域。在那里，边界实体明确围合出属于本桌人的空间领域，不被他人穿越干扰和侵犯，个人空间受到庇护，有安定感，避免了坐在中间四面临空的座位受众目睽睽和背侧被人穿越的不适，却又有纵观室内场景的良好视野，同时还能与他人保持适当的距离，因此这些座位备受欢迎。餐桌即使能依托一根柱子，也使该餐桌的空间范围有了些围合和界定，在心理上给人以安定感。

因此，在餐饮空间设计中，在划分空间时，应以垂直实体尽量围合出各种有边界的餐饮空间，使每个餐桌至少有一侧能依托于某个垂直实体，如窗、墙、隔断、靠背、花池、绿化、水体、栏杆、灯柱等，应尽量减少四面临空的餐桌，这是高质量的餐饮空间所共有的特征（图4－5）。

(a)

(b)

图4－5　他湘驿站餐厅

（设计：谢明才，09级建筑装饰专业学生）

②餐桌布置既要利于人的交往，又须与他人保持适当的人际距离。

交往是人的一种固有的精神需要，餐饮空间是公共空间，在那里人更有喜欢交往的需求，希望有适宜的空间和机会与他人接触，看热闹，欣赏各种人的情态。设想一下，如果把每个餐桌都放在一个个封闭的六面体空间里，这种就餐环境是不受欢迎的，因为它只满足了人对个人空间的领域感和私密性的需求，忽略了人对交往的渴望，这种需求在餐饮空间中主要体现在两个层次，一是本桌人之间促膝谈心般有语言及动作行为的交往，同桌者相互认识；二是交往是看热闹，人看人，人希望在就餐的同时能感受到在多层次的空间环境中，有各种人活动的多姿多彩的就餐氛围，客人彼此并不认识，没有语言及动作的交流，只是彼此欣赏人的活动及情态，感受一种生机盎然的场景和氛围，这是人不可或缺的心理需求。

对这两类交往在不同人及人群中会有不同侧重，餐桌的布置要满足多种多样的需求。如果是一群人的聚会，如商务宴请、亲友喜宴，其交往需求主要集中在第一类，即只顾及本桌或本人群的谈天说地，杯盏交错，对第二类交往一般无暇顾及，反倒需要较多的私密性，需要只属于这群人的空间领域，这类餐桌应布置为雅座间。但即使雅座间其封闭程度也有两种处理，一种是六面封闭，只以门对外相通（图 4 -6）。另一种是用轻隔断围合，入口处只以挂落等做象征性的分隔（图 4 -7）。后一种处理与其余就餐空间的交往就多些。

图 4 -6　六面封闭的雅间

图 4 -7　象征性分隔的雅间

至于雅座外的大量餐桌，上述两类交往需求都应满足，即既要利于本桌人之间的交往，还要便于环顾四周，观赏其他人的活动和空间场景，感受餐厅整体气氛。

不同的交往需求又有不同的人际距离，例如在酒吧间，如果吧座间距小，密度大，则利于人的交往；密度过稀，人与人间隔大，变得疏远，不利于交往，让人感到冷清，缺乏生气。但如果过密，个人空间受侵犯，使人处于高度交往中，也会让人不自在，可见餐饮桌的布置要考虑人际距离。人类学家霍尔将不同交往形式的习惯距离划分为四种：亲密距离、个人距离、社交距离和公共距离。

亲密距离（0 ~45cm）是表达爱抚、亲昵等细腻感情的距离，一般不用在公共场合，如果在餐厅使陌生人处于这种距离会局促不安。

个人距离（0.45 ~1.30m）是亲近朋友、家人间谈话的距离，同一餐桌上就餐者间的距离就属个人距离，在此距离内谈话声适中，眼睛能观察到对方的细部，属于上面谈到的第一类交往，即有语言和动作交往的距离。

社交距离（1.3～3.75m）是影响餐桌布置的距离，该距离的下限，适于关系密切者交往，但如果使陌生人处于社交距离的下限，会感到干扰和不安，可以用一道栏杆、一片隔断、一丛绿化、几步台阶来分隔餐桌，减弱人们心理上的接近。处于社交距离的上限的餐桌，已相隔一段距离，让人感到有所分隔、互不干扰了，可以看到对方全身及其周围环境，这时的交往属于上面谈到的第二类交往，人看人，没有语言和动作的交流。

公共距离（大于3.75m）是用于演讲、演出的距离。宴会厅的主席台、卡拉厅的舞台与餐桌的距离就是这种距离。

餐桌的布置要有意识地安排不同的人际距离，使餐桌的布局形成多种不同的交往氛围。有的空间宽敞舒适，让人能充分感受整体场景和氛围；有的大中有小，在大空间中划分出三五桌的小领域，既能感受大空间的气氛，又有小尺度环境的温馨；有的用矮隔断或火车座式靠背使一个个餐桌有自己明确的领域感、私密性，适于约会、恳谈，但又能领略大空间的环境氛围；有的做成雅座间，与主空间基本没有流通，营造明确的领域感、私密性，适于团体聚会、私人饮宴、商务宴请，小环境雅致静谧。总之，餐桌布局应从空间设计入手，需满足不同顾客的不同文化层次的心理需求，提供多种选择的可能性。

4.2.4.2 餐厅常用家具尺寸和通道尺寸

餐桌高：750～790mm。

餐椅高：450～500mm。

圆餐桌直径：二人500mm，二人800mm，四人900mm，五人1100mm，六人1100～1250mm，八人1300mm，十人1500mm，十二人1800mm。

方餐桌尺寸：二人700mm×850mm，四人1350mm×850mm，八人2250mm×850mm。

餐桌转盘直径；700～800mm。

餐桌间距：应大于500mm（其中座椅占500mm）。

主通道宽：1200～1300mm。

内部工作道宽：600～900mm。

酒吧台高：900～1050mm，宽500mm。

酒吧凳高；600～750mm。

4.2.5 餐饮建筑空间平面功能布局的运用

餐饮空间的规模大小可分为小型、中型、大型。小型餐饮空间一般指100m^{2}以内的餐饮空间，这类空间功能比较单一，主要着重于室内氛围的营造；中型餐饮空间指100～500m^{2}的餐饮空间，这类空间功能比较复杂，除了加强环境氛围的营造外，还要进行功能分区、流线组织以及一定程度的围合处理；大型餐饮空间指500m^{2}以上的餐饮空间，这类空间功能复杂，应特别注重功能分区和流线组织。

餐饮空间的平面功能布局是餐厅设计的重要组成部分，通过平面设计可以安排餐厅的等级，餐厅各功能空间的面积，接待顾客的人数等。

4.2.5.1 餐饮场所的空间组成

餐饮场所主要由营业部分、加工及辅助部分和内部管理办公部分组成。

（1）营业部分

营业部分指接待就餐、就餐的餐厅，以及入口、前厅、卫生间等服务于顾客的用房。

餐厅的规模按设座的多少可分为大餐厅和小餐厅。设座在40个以内，称为小餐厅；设座在40个以上，称为大餐厅。大型的餐厅需设有专供宴会或接待较高规格喜、庆典礼等使用的宴会厅和雅间。

入口：大型餐厅将顾客入口与员工入口分设，寒冷地区需要在出入口处设置门斗或门厅。

前厅：大厅与门厅一般合称为前厅。标准较高的餐厅设有大厅，大厅的功能是顾客由此进入不同餐厅，是水平与垂直交通联系的枢纽和室内与室外过渡的空间，主要起疏导与集散人流的作用。大厅也为顾客餐饮前后的等候、存衣取物、休息或购买等活动提供了必要的室内环境。根据不同餐厅的建筑标准，前厅的规模和内容也相应地有所不同。有的餐厅将楼梯、电梯设置于前厅，也有标准较低的餐厅不设前厅，而将顾客出入口、门斗甚至楼梯设置于餐厅之中。

过厅：供顾客通往各层餐厅的水平通道间，常设小型过厅，它不仅承担水平与垂直交通的缓和转折作用，而且还常常兼做各餐厅共用的付货处、收款处或值班办公用房，也可做休息室接待厅等。

卫生间：为顾客与工作人员使用，最好分设。

（2）加工及辅助部分

餐厅的加工部分包括厨房（其中有主食加工系列、副食加工系列）、备餐洗涤消毒、餐具存放等。

餐厅的辅助部分包括各种库房和炊厨人员更衣、浴厕及办公用房等。根据不同的建筑用房和建筑标准，加工部分的内容也会有所增减和变化，要灵活掌握。

（3）内部管理办公部分

一般或较低标准的餐厅所需办公用房可能较少，有时一间或几间，工作人员需使用更衣室、浴厕等，一般可以与加工部分合设。其他附属用房如洗衣房、锅炉房、车库、杂品库等，根据具体情况具体考虑。

4.2.5.2 餐饮空间等级划分及主要面积指标

为了切合实际，有依据、有目的地配置房间内容，选定恰当的面积指标、设施、使用舒适程度和装修标准，餐厅需要做好等级划分。

等级划分要考虑：使用性质；餐厅的布置情况，每座位面积指标和公用部分的内容；加工部分的设施与卫生条件。

按上述标准餐厅划分为三级：一级餐厅、二级餐厅、三级餐厅。

（1）一级餐厅

一级餐厅为接待宴请和零餐的高级餐馆，餐厅座位布置宽敞，环境舒适，设施与设备完善。

餐厅座位布置及尺度宽敞舒适，使用面积最小为 1.3m^2/座。营业部分，除大小餐厅外还应设有相应的前厅与交通设施、存衣和休息候餐室、小卖部及顾客专用卫生间等。位于三层以上的餐厅，应设电梯。

厨房设施完善，有良好的环境及操作条件，保证具有合理流程，餐厨比应接近 1∶1.1。

（2）二级餐厅

二级餐厅为接待宴请和零餐的中级餐馆，餐厅座位布置比较舒适，设施与设备比较完善。使用面积最小为 1.1m^2/座。

应设有前厅、小型休息候餐室、顾客专用厕所及交通设施。四层或四层以上的餐厅应设顾客电梯。餐厅中需有洗手设施。厨房布置符合工艺流程，有较好的设施、操作条件和卫生条件。餐厨比 1∶1.1。

（3）三级餐厅

三级餐厅是以接待零餐为主的一般餐馆。餐厅座位布置合理，使用面积最小为 1m^2/座。需设置顾客专用厕所。其交通设施及前厅内容的设置视具体条件而定。在餐厅中为顾客设有洗手设施，如餐厅位于四层或四层以上时需设有顾客使用的电梯。厨房必须符合工艺流程及卫生要求。餐厨比约为 1∶1.1。

需要注意的是，饮食店由于经营内容差别大，有的食品和饮料以外购成品为主，有的则自己制作为主（如粥品店），因此饮食制作间的组成内容差别很大，其大小也并非完全取决于座位数，所以，饮食厅与制作间的面积比（餐厨比）并无固定的比例，也就难以明确饮食店的每座建筑面积指标，设计中可根据该饮食店具体要求配置。

4.2.5.3 餐饮空间组合方式

在餐饮空间设计中，比较常见的空间组合形式是集中式、组团式及线式，或是它们的综合变种。

集中式空间组合是一种稳定的向心式的餐饮空间组合方式，它由一定数量的次要空间围绕一个大的占主导地位空间构成。这个中心一般为规则形式，如圆形、方形、三角形、正多边形等。周围的次要空间，则一般将其做成形式不同、大小各异，使空间多样化。其功能也可以不同，设计者可以根据场地形状、环境需要及次要空间各自的功能特点，在中心空间周围灵活组织。

组团式空间组合将若干空间通过紧密连接使它们之间互相联系，或以某空间轴线使几个空间建立紧密联系的空间组合形式。在餐饮空间设计中，组团式组合也是较常用的空间组合形式，比较多见的是几个餐饮空间彼此紧密连接成组团式组合。

线式是沿着一条穿过的通道来组合几个餐饮空间，通道可以是直线型、折线型、环形等。

另外，也可以将若干小的餐饮空间布置在一个大的餐饮空间周围。这种又类似于集中式空间，这种平面组合比较自由灵活。

几种餐厅空间组合方式如图 4－8 至图 4－11 所示。

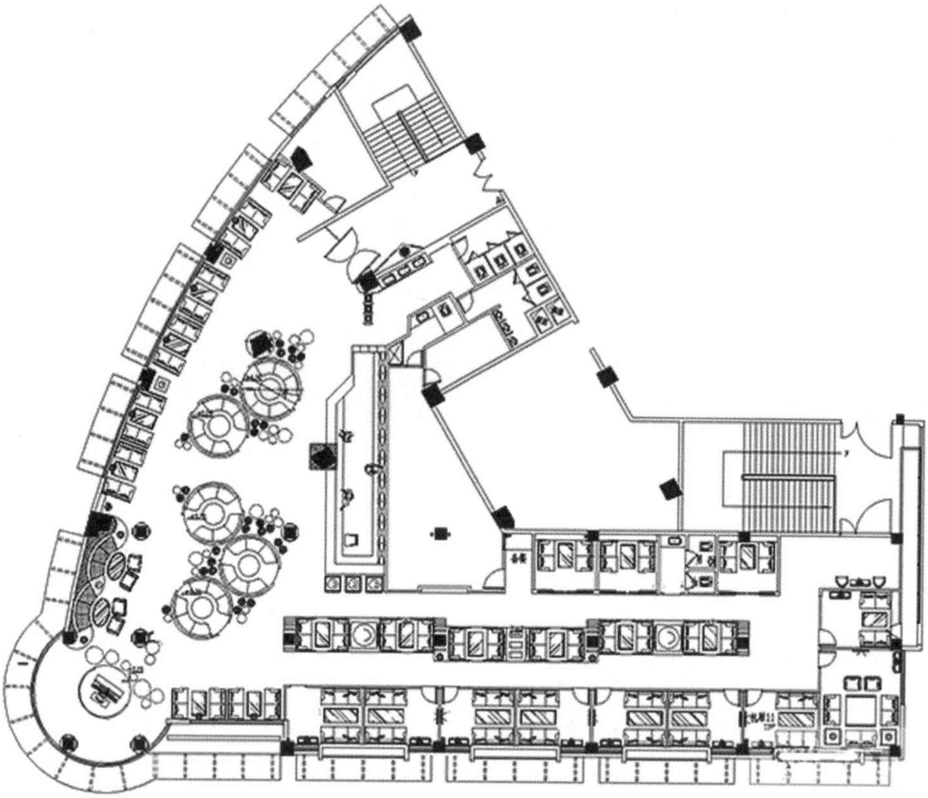

图 4－8　福州上岛西餐厅平面图

（设计：李川道）

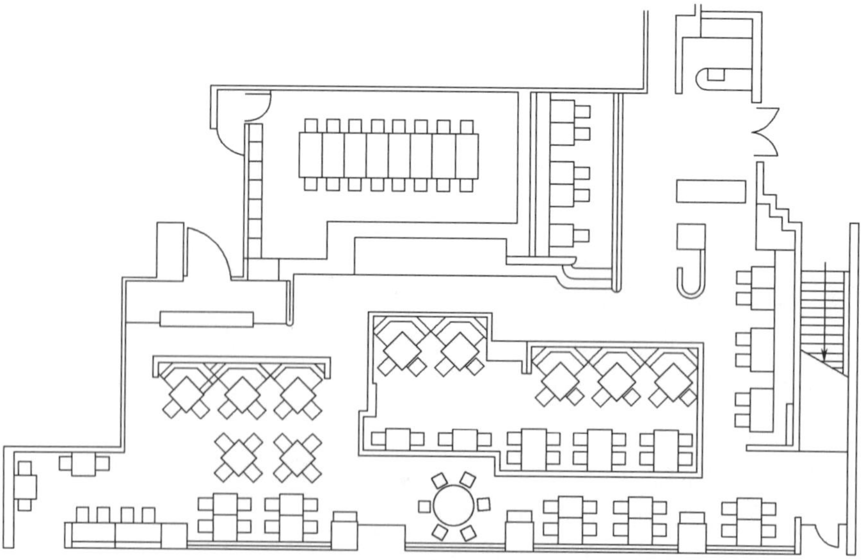

图 4－9　福州上岛西餐厅空间形态

（设计：李川道）

图 4－10　某西餐厅平面图
（图片来源：室内设计资料集）

图 4－11　某餐厅组团式空间组合

4.2.6　餐饮建筑空间构思与创意的途径

餐饮建筑的构思与创意大体可以从以下途径入手。

4.2.6.1　体现风格或流派

如果按某种特定的建筑风格或流派来构思和设计餐饮建筑，将使餐饮店的形象突出，有明确的特征。

例如，国外的中餐馆取中国传统建筑风格，雕梁画栋，小桥流水，室外高挂红灯笼，门前摆放石狮子，有的还有座金碧辉煌的牌楼，室内壁挂国画，镶嵌金光闪闪的“龙凤”，供奉“财神爷”“老寿星”，餐桌椅古色古香，从里到外让人一看就是经营中国菜的餐馆（图 4－12）。

古今中外，建筑风格流派众多，在中外餐饮建筑设计中都有应用。单是中国传统建筑风格的餐饮建筑又可设计为明清宫廷式、苏州园林式、唐风以及各种地方风格。西式的可为古罗马式、哥特式、文艺复兴式、巴洛克式、洛可可式、欧洲新古典式等。还有日本和式（图 4－13）、伊斯兰风格及其他各民族的传统特色。不想做古典风格的，可以按现代风格设计，各种流派也繁多，如后现代主义、解构主义、光洁派、高技派，等等。如果能抓住某种风格流派的特征来设计，做得地道，从外形到室内空间、装修、陈设、家具都能连贯体现这一风格流派，该餐饮建筑便有了明显的个性特征，具有某种文化氛围，会令人耳目一新。当然，所谓做得地道，并非一定原封不动照搬原有风格，尤其对古典风格，往往应该对其要素进行简化、提炼，并运用当今材料，使其既有古典韵味，又具现代感。

图 4－12　某中式茶楼过厅
（设计：美星装饰　黄东标）

图 4－13　某日式餐厅设计

应该指出，采用何种风格流派应与餐饮店的经营内容相吻合，饮食与环境相互烘托，方能相得益彰。例如，和风餐厅应是经营日本料理的餐饮，伊斯兰风格的餐厅应经营清真风味等。如果建筑形式、风格与餐馆风味大相径庭，环境氛围与餐饮不配套，将是失败的，如果在中国传统建筑风格的餐馆里吃西餐，肯定让人感到此处西餐不正宗。

4.2.6.2 设计“主题餐厅”

主题餐厅是通过一个或多个主题为吸引标志的饮食场所，希望人们身临其中的时候，经过观察和联想，进入期望的主题情境，比如“亲临”世界的另一端、重温某段历史、了解一种陌生的文化等。它的最大特点是赋予一般餐厅某种主题，围绕既定的主题来营造餐厅的经营气氛：餐厅内所有的产品、服务、色彩、造型以及活动都为主题服务，使主题成为顾客容易识别餐厅的特征和产生消费行为的刺激物。围绕即定主题进行设计，从建筑外部到室内，从空间到家具陈设，全力烘托出体现该主题的一种特定的氛围，主题餐厅往往富有新意，独具魅力。

作为主题餐厅，应该运用各种手段来凸显所表现的主题，建筑设计与内部装饰是其中的重要组成部分，因为客人就是通过对餐厅的环境装饰来认识其倡导的主题文化的，而进入主题餐厅所得到的特别享受，更多的来自于餐厅的美妙环境。因此挖掘主题文化的底蕴，主要就是做好主题餐厅环境设计，这样才会带来完美的效果。设计主题众多，设计者要充分发挥想象力，与客户共同策划，以“奇”制胜，以特色制胜，好的主题餐厅让人惊喜，产生陌生感和新鲜感，令人中意。有了主题便有了个性，围绕主题精心设计，可以营造出一种特别的文化氛围（图4-14、图4-15）。

图4-14 以电影为主题的餐厅

图4-15 以海洋为主题的餐厅

（设计：谢明才，09级建筑装饰专业学生）

4.2.6.3　餐饮与娱乐结合

把餐饮与游玩、娱乐结合，将增添餐饮情趣，为客人所喜爱。其实“餐饮 + 娱乐”这一观念早在 20 多年前已在欧美产生，当时在加拿大出现了世界上第一家“运动休闲式餐厅”，将餐饮与运动、休闲结合。如今这一餐饮建筑类型已与快餐店、咖啡厅和豪华餐厅共同构成了流行于欧美的四大餐饮建筑类型。

“餐饮 + 娱乐”这一构想是顺应当今人们生活观念的产物，今天人们对餐饮已从单纯的生理需求，转变为一种休闲、消遣和享受。而且，人们喜欢多元化，希望生活丰富多彩。因此，把餐饮这一享乐方式与其他娱乐方式综合到一起，正好迎合了人们喜欢多样化，追求新颖、方便舒适的美好生活的愿望。这样一来，从设计来说，已不单纯是设计餐饮建筑，而是餐饮建筑与娱乐（或体育）建筑的综合体。

4.2.7　餐饮建筑室外装饰设计

餐饮建筑室内外装饰设计的典型代表之一就是咖啡厅。咖啡厅装修首先看的是门面，显而易见，咖啡厅门的作用是诱导人们的视线，并产生兴趣，激发想进去看一看的参与意识。怎么进去，从哪儿进去，就需要正确的导入，告诉顾客，使顾客一目了然。

所以，在咖啡厅店面设计中，顾客进出门的设计是重要一环。咖啡厅装饰设计有以下的几种方法可以参考：

①咖啡厅将厅门安放在厅中央，还是左边或右边，要根据具体人流情况而定。一般大型咖啡厅可以安置在中央，小型咖啡厅的进出部位安置在中央是不妥当的，因为厅堂狭小，直接影响了厅内实际使用面积和顾客的自由流通。小咖啡厅的进出门，不是设在左侧就是右侧，这样比较合理。

②咖啡厅从商业观点来看，厅门应当是开放性的，所以设计时应当考虑到不要让顾客产生“幽闭”“阴暗”等不良心理，从而拒客于门外。因此，明快、通畅、具有呼应效果的厅门才是最佳设计。

③咖啡厅的厅门设计，还应考虑厅门面前路面是否平坦，是水平还是斜坡；前边是否有隔挡及影响厅门面形象的物体或建筑；采光条件、噪声影响及太阳光照射方位等。

思考与练习

1. 餐厅空间设计如何确定设计主题和创意构想？
2. 咖啡厅设计时，需要考虑哪些功能分区？
3. 餐厅空间设计视觉表达上，可以采取哪些有效措施？
4. 餐饮空间墙面设计怎么运用不用的材料来营造不同的就餐氛围？
5. 餐饮空间软装设计需要注意哪些问题？

项目五　建筑装饰水电设计

5.1　教学实施方案

5.1.1　学习目标

建筑水电设计在建筑装饰设计中有着至关重要的位置，通常用俗语“磨刀不误砍柴工”来形容水电设计的重要性。水电设计是建筑装饰设计的隐蔽工程，是装饰设计的难点，在设计过程中应与客户不断沟通，尽量满足客户今后水电的使用要求。水路、电路的设计一定要详细考虑可能性、可行性、可用性之后再确定。水电设计首先是安全、实用，其次才是装饰效果。水电设计的原则是能不动就不动，不要轻易改；能暗则暗，不允许有明线。设计师要根据房子的具体情况，按照安全→环保→节能→实用→效果的顺序来考虑，要最大限度地满足客户的需求。

通过对本项目的学习，运用室内给排水、建筑电气和中央空调系统方面的理论知识和技术解决实际问题，了解室内给排水、建筑电气、中央空调系统的设计内容、程序和基本原则，巩固所学理论知识，并运用这些知识解决实际问题，逐步树立正确的设计观点。

5.1.2　设计任务书

5.1.2.1　室内给排水设计

已完成建筑装饰图纸（土建用图纸已知），根据建设单位的委托设计合同以及现行有关设计规范的要求，进行建筑内部生活给水系统、排水系统设计。

（1）设计资料

①建筑设计图见附图。基本情况：层高 3.0m，中空 5.8m。

②沿本建筑四周的厂区道路下均埋有给水管道，给水管管径 DN150，管顶埋深 1.0m，常年能提供水压 0.18MPa，夜间最高水压可达 0.30MPa；本建筑东侧埋有 DN400 排水管道，管顶覆土深 2.0m。

③本地区冻土深度为 0.3m，最冷月平均水温 5℃。

④推荐参考资料：《建筑给水排水设计规范》（GB 50015—2003）、《建筑设计防火规范》（GBJ 16—1987　2001 版）、《给水排水制图标准》（GB/T 50106—2001）、《建筑给排

水设计手册》等。

（2）设计成果要求

要求完成设计过程说明、设计计算书和设计图纸。

（3）图纸内容

①设计施工总说明。

②一层、标准层，屋顶各层给排水平面图（1∶100）。

③卫生间大样图（1∶50）。

④生活给水、消防给水、排水系统图（要求立管按1∶100手工绘制，可以画成斜轴测图）。

（4）图纸要求

①可采用A3图纸，并绘出图框及图签栏。

②建筑框图（墙线、门窗、标注等）采用0.2mm线宽，给水、消防、热水管线采用0.3mm线宽，排水管线采用0.5mm线宽。

③不同种类管道应采用有明显区别的线型（如实线、点划线、虚线等）。

④字体采用标准工程仿宋体，图面保持整洁并注意图面布局合理。

（5）设计步骤

①收集资料确定给水、排水方式和给水、排水组成。

②选择管材、防护设置、敷设方式。

③水力计算。

a. 最高日用水量的计算、最高日最大时用水量的计算、设计秒流量的计算。

b. 增压设备的计算。

c. 计算建筑内部所需要的压力，确定给水方式。

d. 整理水力计算表。

④整理计算书。

⑤整理说明书。

⑥绘制平面图。

⑦绘制系统图。

⑧绘制大样图。

5.1.2.2 室内暖通空调设计

已完成的装饰设计图纸（土建用图纸已知），根据建设单位的委托设计合同以及现行有关设计规范的要求，设计暖通空调系统。

设计步骤如下：

①空调采暖通风方案的选择与对比分析。

②夏、冬季采暖通风空调系统负荷计算。

③各空调送风量和新风量的计算。

④空调机组、风机组、水泵等的选择。

⑤初步设计方案图，主要包括设计说明及主要设备材料表、采暖空调系统平面图、通风空调系统图（水系统、风系统）等。

5.1.2.3 室内照明线路设计

(1) 设计任务

已完成建筑装饰图纸（土建用图纸已知），根据建设单位的委托设计合同以及现行有关设计规范的要求，设计建筑内部生活照明线路系统。

(2) 设计步骤

①确定照明设计标准。

在构思设计之前，先确认希望达到的设计目标。有些标准与光的数量和质量有关，它们保证设计的照明能够产生矢量的光。其他的标准，尤其是法规及实现标准，能确保设计达到标准要求。以下是常用的专业设计的基本标准。

a. 照度：根据空间视觉的复杂度和困难度，北美照明工程协会（IESNA）对照明标准进行了分类。它们分别为：

A 类：公共空间

B 类：简单定向

C 类：简单视觉作业

D 类：强对比大尺度目标作业

E 类：强对比小尺度目标作业

F 类：弱对比小尺度目标作业

G 类：接近视觉极限的作业

b. 照明质量：以下的一些要求涉及标准的有关方面，在设计中可依需要选取：

空间与灯具的总体外观。

颜色的质量和显示。

昼光照明的整合与控制。

控制直接眩光。

减少频闪。

作业中光分布的均匀度。

房间表面的亮度均匀度。

表面或实物的朔行。

对兴趣点的重点照明。

反射眩光的控制。

阴影（合适的与不合适的）。

照明设备的合理定位，使之有利于光源，视觉作业，观察点需要。

制造闪烁的方法，不希望产生的发射高光。

可控制性及灵活性。

②纪律建筑条件以及相关约束条件。

考察那些可以控制或影响照明设计结果的建筑因素。常见的可能会影响照明设计的两个因素是窗户的位置和大小，以及是否有通风空间及其大小。对于结构系统及（或）其材料、吊顶高度、吊顶构造（或）原料、吊顶系统及其材料和装饰构件来说，它们对照明方案常常有很大的影响。

③确定所需要满足的视觉功能和视觉作业。

以住宅餐厅为例。首要的视觉作业是餐桌，看清食物和用餐者表情是应最优先考虑的；另一个需要是看清用作工作台的餐柜上的摆设；第三是需要给墙上的装饰画进行重点照明。

④选择照明系统。

应该对手头案例的所有可行选择进行分析、考虑。光源的位置是关键。光线应该来自上方还是视平线高度（或者偶尔来自下方）？应该采用直射光还是散射光？光源应该是隐蔽还是可见？由于每一个案例的情况都具有独特性，因此不可能将建筑的影响进行统一总结归纳。但有一点是一定要记住的，绝大多数照明合理的场所都至少需要两个照明系统。

⑤选择灯具及光源类型。

有关灯具的构造、外形和尺寸等细节，不仅要与它即将融入的建筑构造及材质的细部和谐，产生的光线也要符合方向与强度要求。美学方面的协调要求常在选择灯具方面起主要作用；外形、风格、材料及颜色应与建筑特点一致，并且和室内装修及家具布置的细部协调。光源的选择有专门的标准，其中光通量输出、显色性是否符合能耗标准以及光源寿命等都是重要因素。当光源品质对于满足经济性、法规或颜色等要求起决定作用时，光源的选择标准常成为选择灯具的决定因素。在大多数情况下，灯具和光源的选择是一个相互影响的过程，在此过程中，两者的选择被作为一个整体来考虑。

⑥确定灯具的数量及位置。

在照明设计过程中的这一步骤最重要的是为了满足空间视觉功能的需要，应在其需要的地方提供照明。首先必须做到灯具布置恰当，照明等级满足需要并避免产生光幕反射，然后再决定每种类型灯具所需要的数量。通常会考虑几种光源与灯具的组合，因此灯具的数量会因每种组合输出光通量的不同而变化。在大多数情况下，照明设备被嵌入、附着或悬挂在吊顶上，但都会按一定规则来布置，在视觉上形成清晰的几何图形。偶尔，在空间或家具布置不规则的情况下，吊顶布置更适合使用自由或不规则图案。

⑦开关及其他控制设备的布置。

在照明设计过程中，这是最具逻辑性及常识性的一步。设计者必须考虑到使用者的通行路径、房间用途以及使用方便的需要，才能很好地布置开关及控制系统。拥有丰富经验并了解控制技术，才能设计出可行且使用户满意的方案。应当考虑到控制技术方面的最新发展，如自动能量管理技术以及让使用者获得便利的功能等。

⑧整理说明书。

⑨绘制平面图。

⑩绘制系统图。

⑪绘制大样图。

5.1.3 工作任务分解

任务一、方案设计前期准备（表5－1）

表5－1　　方案设计前期准备

内容、步骤	职业技能及方法	学习知识点	考核点
场地分析	掌握工地现场测量方法	分析现场特点	准确分析现有场地和装饰方案特点
设计方案分析	把握装饰设计方案设计特点	分析装饰设计特点	

任务二、建筑装饰给排水设计（表5－2）

表5－2　　建筑装饰给排水设计

内容、步骤	职业技能及方法	学习知识点	考核点
给排水系统设计	给水排水设计方法与施工图识读，掌握给排水图纸识读方法；学生能独立完成室内给排水设计任务	给排水系统与建筑功能需求集合；排水系统设计与施工要求及技术要点	给排水系统及卫生器具安装设计的方法与应用
卫生器具安装设计	掌握卫生器具安装设计方法	给排水卫生器具安装设计的主要内容，把握设计要求	

任务三、中央空调系统设计（表5－3）

表5－3　　中央空调系统设计

内容、步骤	职业技能及方法	学习知识点	考核点
中央空调系统设计	熟悉中央空调设计的基本知识，掌握中央空调的设计方法	空调系统的主要内容，把握设计要求	中央空调系统室内部分设计

任务四、建筑装饰电路设计（表5－4）

表5－4　　建筑装饰电路设计

内容、步骤	职业技能及方法	学习知识点	考核点
照明线路设计	掌握建筑照明线路设计方法，学生能独立完成室内照明线路设计任务	掌握照明线路设计的主要内容及要求	建筑配电线路的设计方法与应用
动力线路设计	掌握建筑动力线路设计方法，学生能独立完成动力线路设计	熟悉动力线路设计的主要内容及要求	

任务五、设计交流与评价（表5－5）

表5－5　设计交流与评价

内容、步骤	职业技能及方法	学习知识点	考核点
设计交流	分析、讨论设计思路、创意	理清设计思路	能够对自身和其他设计案例进行总结分析并运用于设计
设计评价	设计扬长避短	分析设计优缺点	

5.2　项目相关知识

5.2.1　建筑装饰水电设计前期准备

5.2.1.1　建筑装饰水电设计之前的准备工作

水电设计准确的设计方案完成是装修开工必须具备的基本条件之一。

要做好各功能间的空间划分、平面家具布置、装饰性较强的造型吊顶布置图。做到对客户喜好的厨卫各种电器、设备型号尺寸心中有数。要向客户出示水电路改造图纸，并对照图纸严格计算出下列项目可能发生的数量：电话线改造、电源插座改造、开关面板改造、水路改造、有线电视线路改造、网线改造等。

水电设计的第一步是水电定位，也就是根据用户的需要定出全屋开关插座的位置和水路接口的位置，水电工要根据开关、插座、水龙头的位置按照图纸把线路走向给用户讲清楚。配电箱、信息箱的安装设计要考虑使用方便、隐蔽、安全，还要注意和外来主线直接相连；电气线路不可隐藏在建筑承重墙、柱内。

插座、开关、灯具的电气线路设计要考虑室内空间的可变性，为可能的不同空间使用状况做准备，减少部分使用者在使用过程中再规划设计的障碍，例如，书桌、装饰柜、电器设备的移动对用电、用水的影响，同时要注意新埋线和换线的价格是不同的。

水电设计人员承担的另外一个重要责任是依据做好的水电设计方案，现场及时做出工程量预算。

承担水电改造设计的人员素质直接影响到将来居家环境舒适度，水电设计师必须经过岗前技能、安全操作培训、长期陪岗实习才能上岗操作。另外，水电设计师除了必须具备专业知识外，还需要有比较丰富的生活历练并尽量全面了解装修基础知识，不具备这些基本条件是做不好水电设计的。

装饰设计最终的目的是营造舒适的环境，客户在装饰设计中最有发言权。水电改造准备工作作为装修基本准备工作之一，直接关系到环境的舒适程度及安全性。水电工程在装饰工程完成后表面大多数是看不见摸不着的，一旦出现大的隐患损失都比较大，而且维修起来往往会带有较大的破坏性。所以从设计思想方面必须把握安全性与舒适性并重的原则，做到有的放矢，避免造成后期损失。

5.2.1.2 水电改造设计时的注意事项

水电改造是指根据其他装饰设计、使用人口数量、生活习惯、审美观念对原有的水路、电路全部或部分更换的装修工序。水电改造又分为水路改造和电路改造。

（1）水路部分

①水路设计首先要考虑好与水有关的所有设备的位置、安装方式以及是否需要热水，比如，热水器、净水器、洗衣机、马桶和洗手盆等。

②要提前考虑好采用燃气热水器还是电热水器，避免临时更换热水器种类，导致水路重复改造。

③卫生间除了留给洗手盆、拖布池、马桶、洗衣机等出水口外，最好还接一个出水口出来，以方便接水冲地等。

④洗衣机位置确定后，洗衣机排水可以考虑把排水管做到墙里面，方便使用，外观美观。

⑤卫生间地面注意做防水，特别是地面开槽部分。淋浴区如果不是封闭淋浴房的话，墙面防水应该做到180cm高。在抹水泥前一定要做24h闭水试验，闭水试验合格才能铺砖。

（2）电路部分

①电路的设计一定要详细考虑可能性、可行性、可用性之后再确定。电路设计同时还应该注意其灵活性，有时候也不能太“周全”了。有一个比较简单的原则：在电器插头比较集中的位置考虑将来接一个插线板，效果往往要好于设置满墙的插座。

②插座的位置很重要，常有插座正好位于床头柜后边，造成柜子不能靠墙的情况发生。让插座尽可能地靠边一般不会出错，但如果把插座的位置留得不当，就有可能与后期的家具摆放或者电器安装发生冲突。

③卧室顶灯可以考虑双控（床边和进门处）。

④厨房的有些插座还是带开关的比较方便，以避免日后时常拔来拔去，使用不方便，例如电饭锅插头。

⑤客厅顶灯根据生活需要可以考虑装分控开关（进门厅和回主卧室门处）。

5.2.2 建筑装饰给排水设计相关知识

5.2.2.1 建筑装饰给水系统的作用

建筑装饰给水系统的主要任务是根据用户对水量、水压的要求，将符合室内使用水质、水温的室外管网中的水，以适用、经济、合理的最佳供水方式输送到各用水点。

5.2.2.2 室内给水系统的组成

室内给水系统一般由下列部分组成。

（1）建筑进水管

房屋进水管是城市给水网与室内管网的联络管段，是室内给水的始端。根据室内用水情况的需要，进水管可以是一条，也可以是数条。为了便于控制室内管网的用水和维修以及计量出建筑物的用水量，在进水管上装有闸门、水表和放水装置。

（2）水平干管

水平干管是为了将水从房屋引入管沿水平方向输送至房屋有关地方的干管。

（3）立管（竖管）

立管是为了将水从水平干管沿垂直方向输送至房屋各楼层去的管段，在立管的下端一般应设置检修阀门。

（4）支管（配水管）

支管是为了将水从立管输送到各配水点的供水管段。

（5）水箱、水塔或水池

若建筑物所需水压和水量不足时，室内给水系统中尚需设蓄水池或提升压力的设备。

5.2.2.3 室内给水系统的分类及采用

（1）室内给水管网系统分类

给水系统根据用户所要求的水质、水压、水量和水温，结合室外给水系统情况，基本上可以分为三大类：

①生活给水系统 供饮用、烹饪、盥洗、洗衣、洗澡、冲厕所以及其他生活用水。其水质应符合国家规定的饮用水质标准。

②生产给水系统 供生产上用水。如洗衣房、锅炉生产蒸汽、产品用水，冷却机器设备等各种生产过程用水。其对水质要求由生产工艺决定。

③消防给水系统 供消防设备灭火及防止火灾蔓延用。它对水压要求较高，对水质要求较低。

（2）室内给水系统的采用

①一般在居住及公共建筑内，主要是安装生活清水系统。如按国家颁布的防火规定，该建筑物应设置消防装置时，消防管道应尽量与生活给水管道合并。

②对于高层建筑或消防要求特别高的某些公共建筑及生产厂房，如消防管道与其他管道合并在技术及经济上均不合理时，方可设置独立的消防给水系统。

③生产设备不允许间断供水时，如其他给水系统的水质能符合生产用水的要求，可以将其他给水系统与生产给水系统连通、互为备用。但应防止其他给水系统被污染。

④工业企业建筑，如无室外生活给水系统时，可以从生产给水系统取水，并经局部水处理后使用。

5.2.2.4 室内给水管网所需的压力

室内给水系统所需的总压力 H 应满足最不利配水点正常工作所得的压力，其值如下式：

$$H = H_1 + H_2 + H_3 + H_4$$

式中 H_1——最不利配水点距进水管的几何高度相应的压力（mH_2O，$1mH_2O = 9.8kPa$）；

H_2——管网因沿程和局部阻力而产生的压力损失（mH_2O）；

H_3——经过水表的压力损失（mH_2O）；

H_4——最不利配水点前所需的自由压力（mH_2O）。

设备所需的自由压力是指各种卫生用具为获得所规定的出水量所必需的剩余压力。

在房屋进水管处的室外管网内的压力（或称室外供给水头）必须大于或至少等于室

内给水管网所需的压力。为了在初步设计阶段能概括地估计室内管网所需水压值。对于住宅生活饮用水管网，可按建筑物层数，确定自地面算起的最小保证管压（表5－6）。

表5－6　住宅建筑层数确定所需最小水压值

建筑物层数	1	2	3	4	5	6	7	8	9
地面上最小水压值/mH_2O	10	12	16	20	24	28	32	36	40

对于公共建筑，根据室内管网系统大小、建筑层高及管线长短，可参考表5－6中的数值。当室外给水管网的压力小于室内给水管网压力时，可根据室外管网中水的压力情况，采用水箱或水泵来解决。

5.2.2.5　给水管材、管件及附件

（1）给水管材

建筑内部给水常用管材有塑料管、复合管、镀锌钢管、普通钢管和铸铁管等。

①塑料给水管　塑料给水管按制造原料的不同，可分为硬聚氯乙烯给水管（UPVC管）、聚乙烯给水管（PE管）、聚丁烯管（PB管）和工程塑料给水管（ABS管）等。塑料管的共同特点是质轻、耐腐蚀、管内壁光滑、流体摩擦阻力小、使用寿命长。近年来发展很快，逐步成为建筑给水的主要管材。

a. 硬聚氯乙烯给水管（UPVC管）：UPVC管材抗腐蚀力强、技术成熟、易于粘接、价格低廉、质地坚硬，但在高温下有单体和添加剂渗出，只适用于输送温度不超过45℃的水，UPVC管材分三种形式：平头管材、粘接承口端管材和弹性密封圈承口端臂材，其基本连接方式有螺纹连接（配件为注塑制品）、焊接（热空气焊、热熔焊、电熔焊）、法兰连接、螺纹卡套压接、承插接口、粘接等。

b. 聚乙烯给水管（PE管）：PE管耐腐蚀且韧性好，又分为HDPE管（高密度聚乙烯管）、LDPE管（低密度聚乙烯管）和PEX管（交联聚乙烯管），常用连接方式有热熔套接或对接、电熔连接和带密封塑料管件连接，有的也采用法兰连接。

c. 聚丙烯管（PP管）：PP管具有密度小、力学均衡性好、耐化学腐蚀性强、易成型加工、热变形温度高等优点，从材质上分为均聚聚丙烯（PP－H）、嵌段共聚聚丙烯（FP－B）、无规共聚聚丙烯（PP－R）三种，其基本连接方式为热熔承插连接，局部采用螺纹接口配件与金属管件连接。

d. 聚丁烯管（PB管）：PB管质量很轻，具有独特的抗蠕变（冷变形）性能，基本连接方式为热溶、局部采用螺纹接口配件与金属管件、附件连接。

e. 工程塑料管（ABS管）：ABS管质轻，具有较高的耐冲击强度和表面硬度，与金属管件、附件连接时，可采用螺纹、法兰等接口。

②铸铁给水管　我国生产的铸铁给水管及其材质分为球墨铸铁管和普通灰口铸铁管，按其浇注形式分为砂型离心铸铁管和连续铸铁直管。铸铁管具有耐腐蚀性强、使用期长、价格较低等优点，缺点是性脆、长度小、质量大。铸铁管的接口形式一般为承插接口，有柔性接口和刚性接口两类，柔性接口采用橡胶连接，刚性接口采用石棉水泥接口或膨胀性填料接口，重要场合可采用铅封接口。

③钢管　钢管主要有焊接钢管和无缝钢管两种，焊接钢管又分为镀锌钢管和不镀锌钢管。镀锌的目的是防锈、防腐，防止水质变坏，延长使用年限。

钢管的连接方法有螺纹连接、焊接和法兰连接。螺纹连接多用于明装管道，是利用配件连接。配件用可锻铸铁制成，也分镀锌和不镀锌两种，钢制配件较少。选用时，管件应与管材一致。镀锌钢管必须用螺纹连接，如图 5－1 所示。焊接多用于暗装管道，接头紧密、不漏水，施工迅速，不需配件，但不能拆卸。焊接只能用于非镀锌钢管，因为镀锌钢管焊接时锌层被破坏，反而加速锈蚀。法兰连接用于较大管径的管道上，将法兰盘焊接或用螺纹连接在管端，再以螺栓连接。法兰连接一般用于连接闸阀、止回阀、水泵、水表等处，以及需要经常拆卸、检修的管段上。

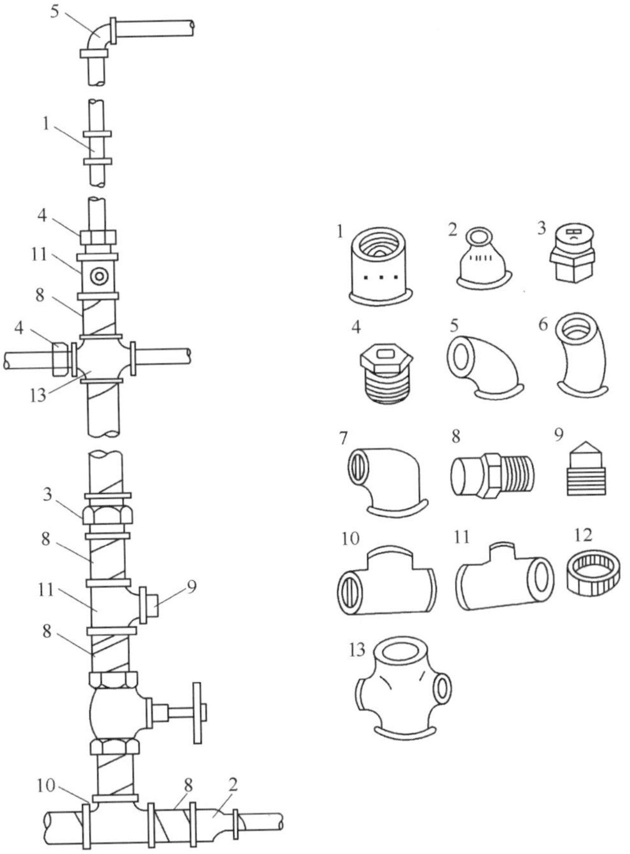

图 5－1　螺纹连接配件

1—管接头　2—异径接头　3—活接头　4—补心　5—弯头　6—45°弯头　7—异径弯头
8—内接头　9—管堵　10—三通　11—异径三通　12—根母　13—异径四通

④铜管　铜管可以有效防止卫生洁具被污染，且光亮美观、豪华气派。目前其连接配件、阀门等也配套产出，但由于管材造价高，现在多在宾馆等较高级的建筑中采用。铜管的连接方法有螺纹卡套压接和焊接（有内置锡环焊接配件、内室银合金环焊接配件、加添焊药焊接配件）等。

⑤复合管材　复合管包括钢塑复合管和铝塑复合管等多种类型。

钢塑复合管分衬塑和涂塑两大系列。第一系列为衬塑的钢塑复合钢管，兼有钢材强度高和塑料耐腐蚀的优点，但只在工厂预制，不宜在施工现场切割。第二系列为涂塑钢管，系将高分子粉末涂料均匀地涂敷在金属表面经固化或塑化后，在金属表面形成一层光滑、致密的塑料涂层，它也具备第一系列的优点。钢塑复合管一般采用螺纹连接，其配件一般也是钢塑制品。

铝塑复合管内外壁均为聚乙烯，中间以铝合金为骨架，该种管材具有质量轻、耐压强度好、输送流体阻力小、耐化学腐蚀性能强、接口少、安装方便、耐热、可挠曲、美观等优点，在建筑给水范围可用于给水分支管。铝塑复合管一般采用螺纹卡套压接，其配件一般是铜制品。

（2）给水管件

给水管件是指在管道系统中起连接、变径、转向、分支等作用的零件，又称管道配件。各种不同管材有相应的管道配件。管道配件有带螺纹接头（多用于塑料管、钢管）、带法兰接头和带承插接头（多用于铸铁管、塑料管）等几种形式。

（3）管道附件及水表

管道附件是给水管网系统中调节水量和水压、控制水流方向、关断水流等各类装置的总称，可分为配水附件和控制附件两类。

①配水附件　配水附件主要用以调节和分配水流，常用配水附件如图 5 -2 所示。

a. 截止阀式配水龙头：一般安装在洗脸盆、污水盆、盥洗槽上。该龙头阻力较大，橡胶衬垫容易磨损而引起漏水、一些发达城市正逐渐淘汰此种铸铁龙头。

b. 球形阀式配水龙头：装设在洗脸盆、污水盆、盥洗槽上，因水流改变流向，故压力损失较大。

c. 旋塞式配水龙头：旋塞转 90°时即完全开启，短时间可获得较大的流量，由于水流呈直线通过，其阻力较小但易产生水锤，适用于浴池、洗衣房、开水间等处。

d. 水龙头：安装在洗脸盆上，用于供给冷热水，有莲蓬头式、角式和长脖式等多种形式。

e. 混合配水龙头：用以调节冷热水的温度，如盥洗、洗涤、浴用热水等。此外，还有小便器水龙头、皮带水龙头、电子自动龙头等。

②控制附件　控制附件用来调节水量和水压以及关断水流等，如截止阀、闸阀。常用控制附件如图 5 -3 所示。

a. 截止阀：截止阀关闭严密，但水流阻力较大，一般用在管径 <50mm 的管段上。

b. 闸阀：闸阀全开时，水流呈直线通过，压力损失小，但水中杂质沉积阀座时阀门关闭不严，易产生漏水现象。管径大于 50mm 或双向流动的管段上宜采用闸阀。

c. 蝶阀：此阀为盘状团板启闭件，通过自身中轴旋转改变管道轴线间的夹角，从而控制水流通过；具有结构简单、尺寸紧凑、启闭灵活、开启度指示清楚、水流阻力小等优点。在双向流动的管段上应采用闸阀或蝶阀。

d. 止回阀：室内常用的有升降式止回阀和旋启式止回阀，其阻力均较大，旋启式止回阀可水平安装或垂直安装，垂直安装时水流只能向上流，不宜用在压力大的管道中；

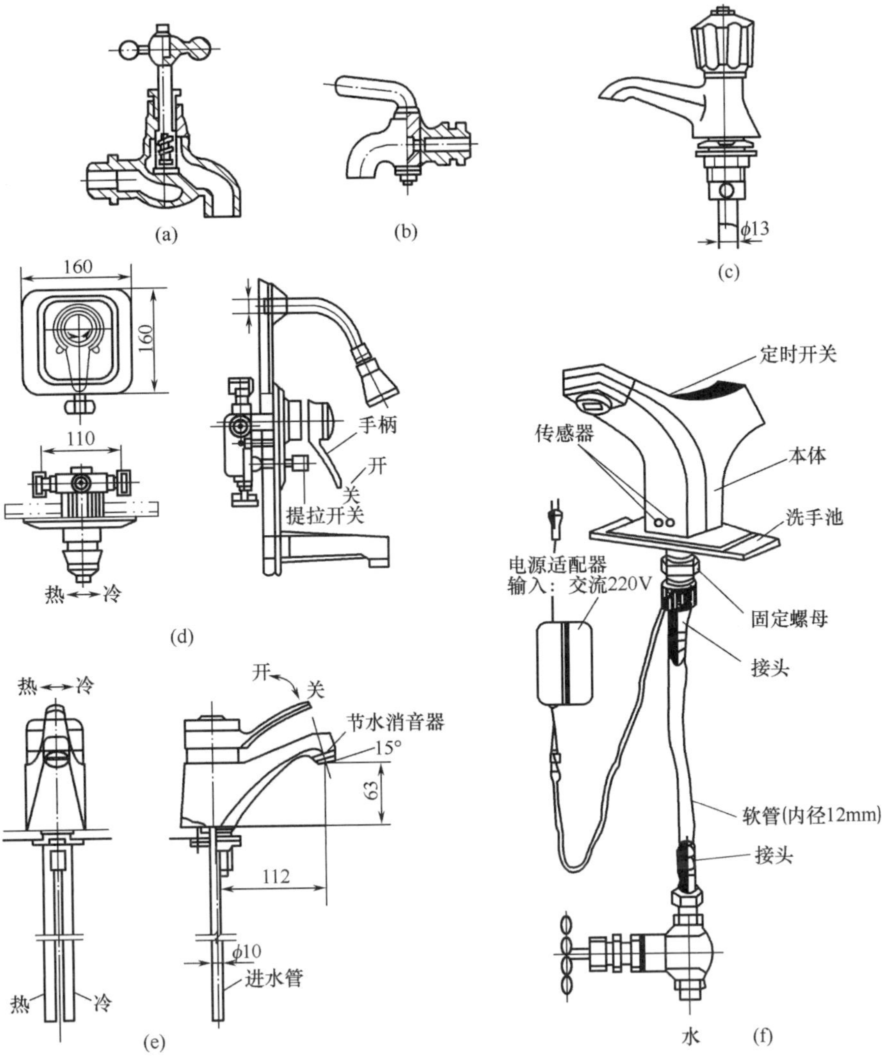

图5－2　各类配水附件

（a）球形阀式配水龙头　（b）旋塞式配水龙头　（c）普通洗脸盆配水龙头
（d）单手柄浴盆水龙头　（e）单手柄洗脸盆配水龙头　（f）自动水龙头

升降式止回阀靠上下游压力差使阀盘自动启闭，宜用于小管径的水平管道上。此外，尚有消声止回阀和梭式止回阀等类型。

e. 浮球阀：浮球阀是一种利用液位变化而自动启闭的阀门，启或切断水流。

f. 液位控制阀：液位控制阀是一种靠水位升降而自动控制的阀门，可代替浮球阀而用于水箱、水池和水塔的进水管上，通常是立式安装。

g. 安全阀：安全阀是保证系统和设备安全的保安器材，有弹簧式和杠杆式两种。

5.2.2.6　给水管道布置

（1）布置原则

①满足最佳水力条件。

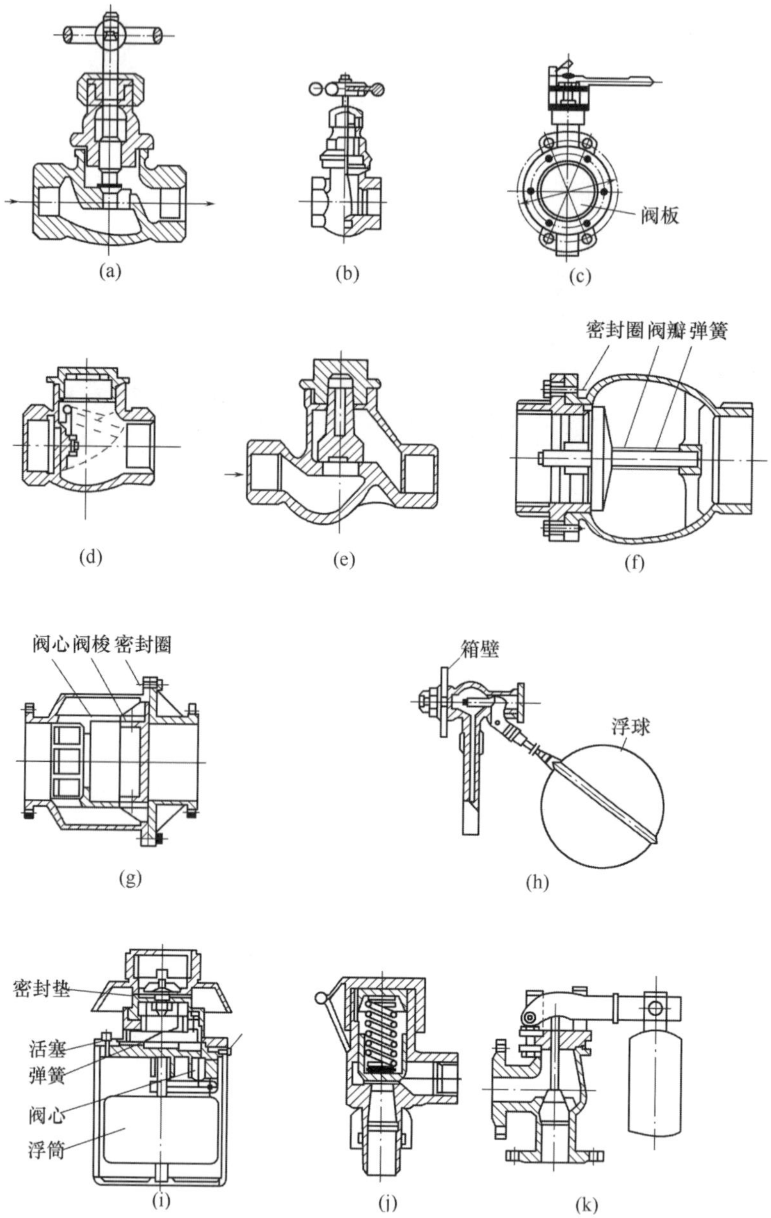

图5-3 常用控制附件

（a）截止阀 （b）闸阀 （c）蝶阀 （d）旋启式止回阀 （e）升降式止回阀 （f）消声止回阀 （g）梭式止回阀 （h）浮球阀 （i）液压水位控制阀 （j）弹簧式安全阀 （k）杠杆式安全阀

a. 给水管道布置应力求短而简。

b. 为充分利用室外给水管网的水压，给水引入管和室内给水干管宜布设在用水量最大处或不允许间断供水处。

②满足安装维修及美观要求。

a. 给水管道应尽量沿路、梁，水平或垂直敷设。

b. 对美观要求较高的建筑物，给水管道可在管槽、管井、管沟及吊顶内暗设。

c. 为便于检修，管井应每层设检修门，检修门宜开向走廊，每两层应有横向隔断，吊顶或管槽内的管道，在阀门处应留有检修门。

d. 室内给水管道安装位置应有足够的空间以方便撤换附件。

e. 给水引入管应有不小于 0.003 的坡度坡向室外给水管网或阀门井、水表井，以便检修时排空管道。

③保证生产及使用安全。

a. 给水管道的位置不得妨碍生产操作、交通运输和建筑物的使用。

b. 给水管道不得布置在遇水会引起燃烧、爆炸或损坏原料、产品和设备的上面，避免在生产设备上面通过。

c. 给水管道不得穿过配电间，以免因渗漏造成电气设备故障或短路。

d. 对不允许断水的建筑，应从室外环状管网不同管段接出 2 条或 2 条以上给水引入管，在室内连成环状或贯通枝状双向供水。若条件达不到，可采取设贮水池（箱）或增设第二水源等安全供水措施。

④保护管道不受破坏。

a. 给水埋地管道应避免布置在可能受重物压坏处。管道在不得穿越生产设备基础情况下必须穿越时，应与有关专业协商处理。

b. 给水管道不得敷设在排水沟、烟道和风道内，不得穿过大便槽和小便槽。当给水立管距小便槽端部 <0.5m 时，应采取建筑隔断措施。

c. 给水引入管与室内排出管管外壁的水平距离不宜小于 1m。

d. 建筑物内给水管与排水管之间的最小净距，平行埋设时为 0.5m，交叉埋设时为 0.15m，且给水管应在排水管的上面。

e. 给水管宜有 0.002 ~ 0.005 的坡度坡向泄水装置。

f. 给水管不宜穿过伸缩缝、沉降缝或抗震缝，必须穿过时应采取有效措施。常用的措施有螺纹弯头法、活动支架法和软性接头法（为金属波纹管或橡胶软管）。

（2）布置形式

给水管道的布置根据供水可靠程度要求可分为枝状和环状两种形式。前者单向供水，供水安全可靠性差，但节省管材，造价低；后者管道相互连通，双向供水，安全可靠，但管线长，造价高。

按照水平干管的敷设位置，可以布置成上行下给、下行上给和中分式。

上行下给式水平配水管敷设在顶层顶棚下或吊顶之内，没有高位水箱的居住、公共建筑和机械设备或地下管线较多的工业厂房多采用。

下行上给式水平配水管敷设在底层（明装、暗装或沟敷）或地下室顶棚下，居住建筑、公共建筑和工业建筑在用外网水压直接供水时多采用这种方式。

中分式水平干管敷设在中间技术层或中间吊顶内，向上下两个方向供水，屋顶用作茶座、舞厅或没有中间技术层的高层建筑多采用这种方式。

5.2.2.7 建筑排水分类

建筑排水系统的任务是将建筑内生活、生产中使用过的水收集并排放到室外的污水管道。

根据系统接纳的污废水类型，可分为以下三大类：

（1）生活排水系统

用于排除居住、公共建筑及工厂生活间的盥洗、洗涤和冲洗便器等污废水，可进一步分为生活污水排水系统和生活废水排水系统。

（2）工业废水排水系统

用于排除生产过程中产生的工业废水。由于工业生产门类繁多，所排水质极为复杂，根据其污染程度又可分为生产污水排水系统和生产废水排水系统。

（3）雨水排水系统

用于收集排除建筑屋面上的雨雪水。

5.2.2.8 排水体制及其选择

（1）排水体制

建筑内部的排水体制可分为分流制和合流制两种，分别称为建筑内部分流排水和建筑内部合流排水。

建筑内部分流排水是指居住建筑和公共建筑中的粪便污水和生活废水及工业建筑中的生产污水和生产废水各自由单独的排水管道系统排除。

建筑内部合流排水是指建筑中两种或两种以上的污、废水合用一套排水管道系统排除。

建筑物宜设置独立的屋面雨水排水系统，迅速、及时地将雨水排至室外雨水管渠或地面。在缺水或严重缺水地区宜设置雨水贮水池。

（2）排水体制选择

建筑内部排水体制的确定，应根据污水性质、污染程度，结合建筑外部排水系统体制、有利于综合利用、中水系统的开发和污水的处理要求等方面考虑。

①宜采用分流排水体制的几种污水

a. 合流后会产生有毒有害气体或其他有害物质的污水；

b. 污染物质同类，但浓度差异大的污水；

c. 含有大量致病菌或含有放射性元素超过排放标准规定浓度的医院污水；

d. 不经处理和稍经处理后可重复利用的水；

e. 建筑中水系统需要收集的原水；

f. 含有大量油脂的餐饮业和厨房洗涤水；

g. 含有贵重工业原料需回收利用及夹有大量矿物质或有毒和有害物质需要单独处理的工业废水；

h. 排水水温超过40℃的锅炉、水加热器等加热设备的污水。

②宜采用合流排水体制的污水

a. 城市有污水处理厂，无需回用的生活废水；

b. 与生活污水性质相似的生产污水。

5.2.2.9　排水系统的组成

完整的排水系统一般由下列部分组成，如图 5－4 所示。

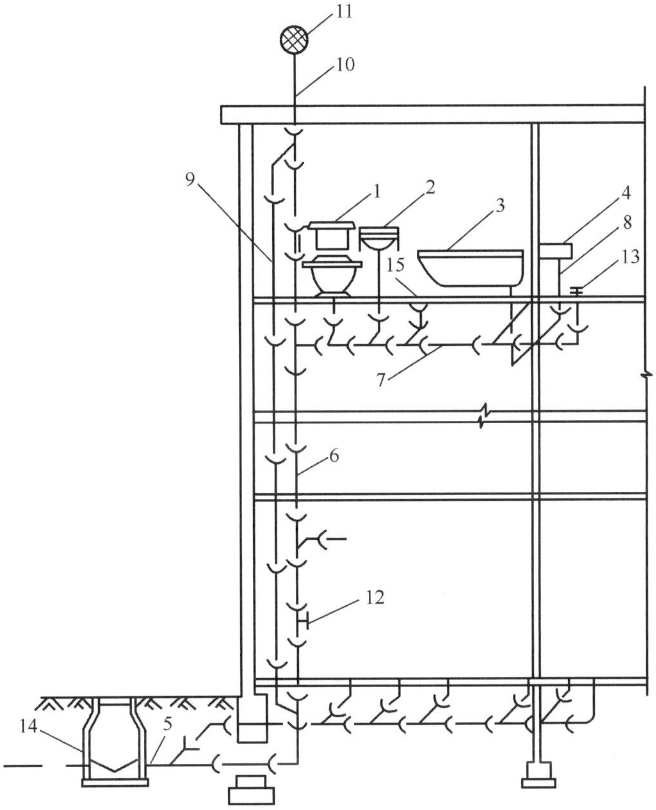

图 5－4　排水系统图

1—大便器　2—洗脸盆　3—浴盆　4—洗涤盆　5—排出管　6—立管
7—横支管　8—支管　9—通气立管　10—伸顶通气管　11—网罩
12—检查口　13—清扫口　14—检查井　15—地漏

（1）卫生器具和生产设备受水器

它们是用来承受用水和将用后的废水、废物排泄到排水系统中的容器。建筑内的卫生器具应具有内表面光滑、不渗水、耐腐蚀、耐冷热、便于清洁卫生、经久耐用等性质。

（2）排水管道

排水管道由器具排水管（连接卫生器具和横支管之间的一段短管，除坐式大便器外，其间含有一个存水弯）、横支管、立管、埋设在地下的总干管和排到室外的排出管等组成，其作用是将污（废）水能迅速安全地排到室外。

（3）通气管道

卫生器具排水时，需向排水管系补给空气，减小其内部气压的变化，防止卫生器具水封破坏，使水流畅通，需将排水管系中的废气和有害气体排到大气中去，需使管系内经常有新鲜空气和废气之间对流，可减轻管道内废气造成的锈蚀。因此，排水管系要设置一个与大气相通的通气系统。通气管道主要有伸顶通气管、专用通气立管、主通气立管、副通气立管、环形通气管、器具通气管、结合通气管、汇合通气管等。

（4）清通设备

为疏通建筑内部排水管道，保障排水畅通，需设置检查口、清扫口及带有清通门的90°弯头或三通接头、室内埋地横干管上的检查井等。

（5）提升设备

当建筑物内的污（废）水不能自流排至室外时，需设置污水提升设备。建筑内部污废水提升包括污水泵的选择、污水集水池容积确定和污水泵房设计，常用的污水泵有潜水泵、液下泵和卧式离心泵。

（6）污水局部处理构筑物

室内污水未经处理不允许直接排入城市排水系统或水体时需设置局部水处理构筑物。常用的局部水处理构筑物有化粪池、阴油井和降温池。化粪池是一种利用沉淀和厌氧发酵原理去除生活污水中悬浮性有机物的最初级处理构筑物。建筑物卫生间内所排出的生活污水必须经过化粪池处理后才能排入合流制排水管道。一般建筑排水管道允许排入污水温度规定不大于40℃，所以当室内排水温度高于40℃（如锅炉排污水）时，首先应尽可能将其热量回收利用。如不可能回收时，在排入城市管道前应采取降温措施，一般可在室外设降温池加以冷却。

5.2.2.10 排水管材与管件

（1）塑料管

目前在建筑内使用的排水塑料管是硬聚氯乙烯管（简称 UPVC 管）。它具有质量轻、不结垢、不腐蚀、外壁光滑、容易切割、便于安装、可制成各种颜色、投资省和节能等优点，正在全国推广使用。但塑料管也有强度低、耐温性差（适用于连续排放温度不大于40℃，瞬时排放温度不大于80℃的生活排水）、立管产生噪声、暴露于阳光下管道易老化、防火性能差等缺点。目前市场供应的塑料管有实壁管、心层发泡管、螺旋管等。排水塑料管规格见表5－7。

表5－7　建筑排水用硬聚氯乙烯塑料管规格

公称直径/mm	40	50	75	100	150
外径/mm	40	50	75	110	160
壁厚/mm	2.0	2.0	2.3	3.2	4.0
参考质量/(kg/m)	0.341	0.341	0.751	1.535	2.803

塑料管通过各种管件来连接，图5－5所示为常用的几种塑料排水管件。

（2）柔性抗震排水铸铁管

对于建筑内的排水系统，铸铁管正在逐渐被排水硬聚氯乙烯塑料管取代，只有在某些特殊的地方使用，下面介绍在高层和超高层建筑中应用的柔性抗震排水铸铁管。

随着高层和超高层建筑迅速兴起，一般以石棉、水泥或青铅为填料的刚性接头排水

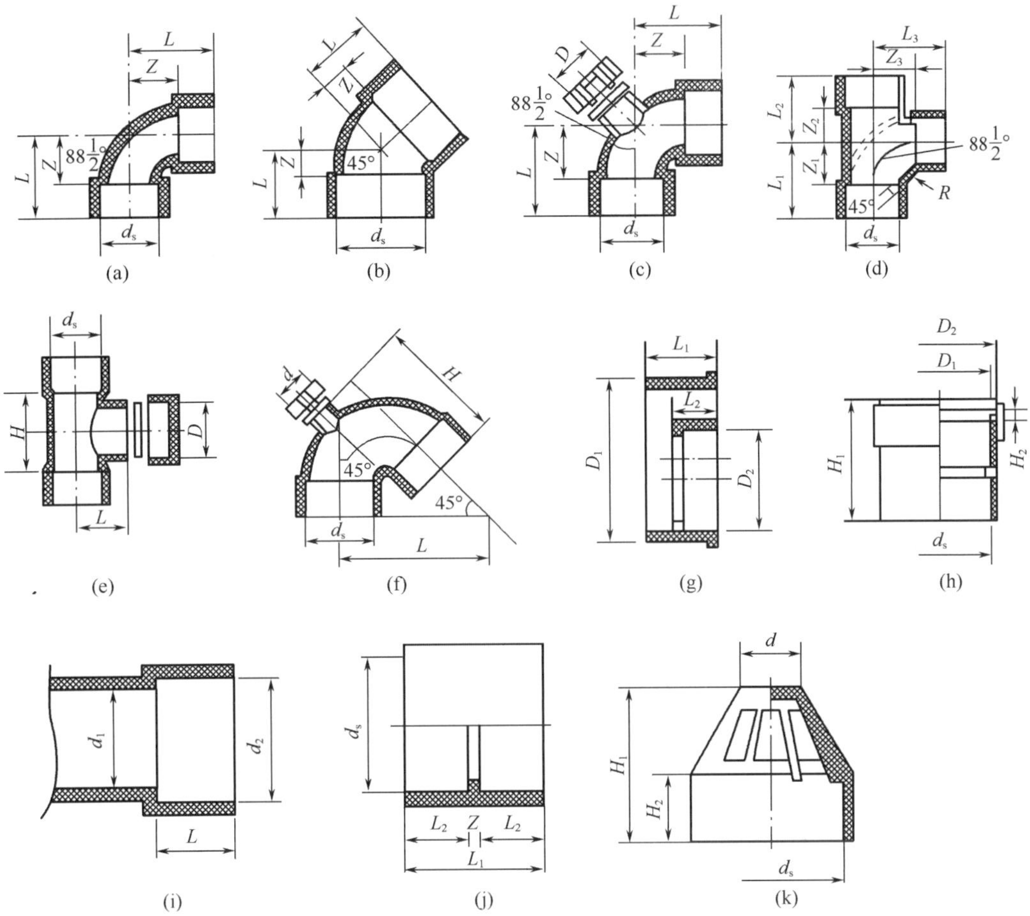

图 5－5　常用排水管件

（a）90°弯头　（b）45°弯头　（c）带检查 90°弯头　（d）三通
（e）立管检查口　（f）带检查口存水弯　（g）变径　（h）伸缩节
（i）管件粘接承口　（j）套筒　（k）通气帽

管已不能适应高层建筑各种因素引起的变形，尤其是有抗震要求的地区的建筑物，对重力排水管道的抗震要求已成为最应值得重视的问题。

在高耸构筑物和建筑高度超过 100m 的超高层建筑物内，排水立管应采用柔性接口。在地震设防 8 度的地区或排水立管高度在 50m 以上时，则应在立管上每隔两层设置柔性接口。在地震设防 8 度的地区，立管、横管均应设置柔性接口。

国内生产的 GP－1 型柔性抗震排水铸铁管是当前采用较为广泛的一种，它是采用橡胶团密封，螺栓紧固，在内水压下具有挠曲性、伸缩性、密封性及抗震等性能，施工方便，可作为高层及超高层建筑及地震区的室内排水管道，也可用于埋地排水管。

（3）钢管

钢管主要用作洗脸盆、小便器、浴盆等卫生器具与横支管间的连接短管，有 32、40、50mm 几种规格。如在建筑内有震动较大的部位也可用钢管代替铸铁管。

（4）带釉陶土管

带釉陶土管耐酸碱、耐腐蚀，主要用于腐蚀性工业废水的排放。室内生活污水埋地管也可采用陶土管。

5.2.2.11 管道附件

（1）存水弯

存水弯是建筑内排水管道的主要附件之一，有的卫生器具构造内已有存水弯（例如坐式大便器），对于构造中不具备存水弯的器具和工业废水受水器，与生活污水管道或其他可能产生有害气体的排水管道连接时，必须在排水口以下设存水弯。其作用是在其内形成一定高度的水柱（一般 50～100mm）。该部分存水高度称为水封高度，它能阻止排水管道内各种污染气体以及小虫进入室内。为了保证水封正常功能的发挥，排水管道的设计必须考虑配备适当的通气管。

存水弯的水封除因水封深度不够等原因容易受到破坏外，有的卫生器具由于使用间歇时间过长，尤其是地漏，长时期没有补充水，水封水面不断蒸发而失去水封作用，这是造成臭气外逸的主要原因，故要求管理人员应有这方面的常识，有必要定时向地漏的存水弯部分注水，保持一定水封高度。近年来，我国有些厂家生产的双通道和三通道地漏解决了补水和废气外逸等问题，有的国家对地漏也有采用专设注水管的做法，如图 5－6 所示。

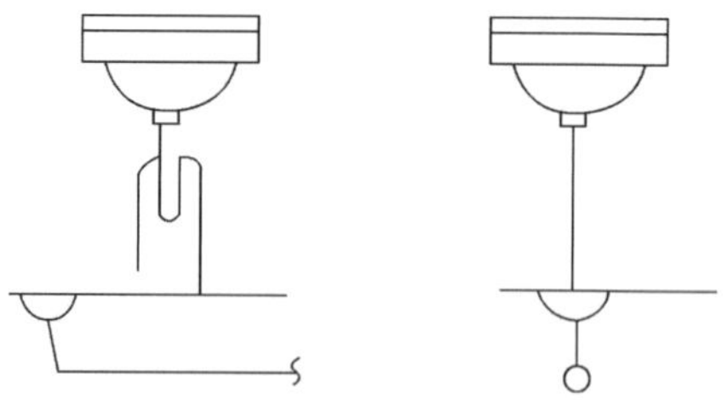

图 5－6 注水地漏

存水弯使用面较广，种类较多，一般有以下几种型式：

①S 形存水弯 用于与排水横管垂直连接的场所。

②P 形存水弯 用于与排水横管或排水立管水平直角连接的场所。

③瓶式存水弯及带通气装置的存水弯 一般安装在洗脸盆或洗涤盆等卫生器具排出管上，形式较美观。

④存水盒 与 S 形存水弯相同，安装较灵活，便于清掏。

也可两个卫生器具合用一个或多个卫生器具共用一个存水弯。但是，医院建筑内门诊、病房、医疗部门等的卫生器具不得采用共用存水弯的方式，防止不同病区或医疗室的空气通过器具排水管的连接互相串通而造成病菌传染。

（2）检查口和清扫口

为了保持室内排水管道排水畅通，必须加强经常性的维护管理，在设计排水管道时做到每根排水立管和横管一旦堵塞时便于清掏，因此在排水管规定的必要场所均需配置检查口和清扫口。

①检查口 一般装于立管，供立管或立管与横文管连接处有异物堵塞时清掏用，多层或高层建筑的排水立管上每隔一层就应安装一个，检查口间距不大于 10m。但在立管的最底层和设有卫生器具的两层以上坡顶建筑物的最高层必须设置检查口，平顶建筑可用通气口代替检查口。另外，立管如装有乙字管，则应在该层乙字管上部装设检查口。检

查口设置高度一般从地面至检查口中心1m为宜。当排水横管段超过规定长度时，也应设置检查口，见表5-8。

表5-8　污水横管直线段上清扫口或检查口的最大距离

管径/mm	生产废水/m	生活污水或与生活污水成分接近的生活污水/m	含大量悬浮物和沉淀物的生产污水/m	清扫设备的种类
50~75	15	12	10	检查口
50~75	10	8	6	清扫口
100~150	20	15	12	检查口
100~150	15	10	8	清扫口
200	25	20	15	检查口

②清扫口　清扫口一般装于横管，尤其是各层横支管连接卫生器具较多时，横支管起点均应装置清扫口（有时也可用能供清掏的地漏代替）。当连接2个及2个以上的大便器或3个及3个以上的卫生器具的污水横管、水流转角小于135°的污水横管时，均应设置清扫口。清扫口安装不应高出地面，必须与地面平齐。为了便于清掏，清扫口与墙面应保持一定距离，一般不宜小于0.15m。

（3）地漏

地漏通常装在地面须经常清洗或地面有水须排泄处，如淋浴间、水泵房、盥洗间、卫生间等装有卫生器具处。地漏的用处很广，是排水管道上可供独立使用的附件，不但具有排泄污水的功能，装在排水管道端头或管道接点较多的管段可代替地面清扫口，起到清掏的作用。地漏安装时，应放在易溅水的卫生器具附近的地面最低处，一般要求其箅子顶面低于地面5~10mm。地漏的型式较多，一般有以下几种：

①普通地漏　这种地漏水封较浅，易发生水封被破坏或水面蒸发造成水封干燥等现象，目前这种地漏已被新结构型式的地漏所取代。

②高水封地漏　其水封高度不小于50mm，并设有防水翼环，地漏盖为盒状，可随不同地面做法所需要的安装高度进行调节，施工时将翼环放在结构板面，板面以上的厚度可按建筑所要求的面层做法调整地漏盖面标高，这种地漏还附有单侧通道和双侧通道，可按实际情况选用。

③多用地漏　这种地漏一般埋设在楼板的面层内，其高度为110mm，有单通道、双通道、三通道等多种型式，水封高度为50mm，一般内装塑料球以防回流。三通道地漏可供多用途使用，地漏盖除能排泄地面水外，还可连接洗脸盆或洗衣机的排出水，其侧向通道可连接浴盆的排水，为防止浴盆放水时洗浴废水可能从地漏盖面溢出，故设有塑料球来封住通向地面的通道，其缺点是所连接的排水横支管均为暗设，一旦损坏维修比较麻烦，如图5-7所示。

④双箅杯式水封地漏　这种地漏的内部水封盒采用塑料制作，形如杯子，水封高度50mm，便于清洗，比较卫生，地漏盖的排水分布合理，排泄量大，排水快，采用双箅有利于阻截污物。此地漏另附塑料密封盖，施工时可利用此密封盖防止水泥砂石等物从盖

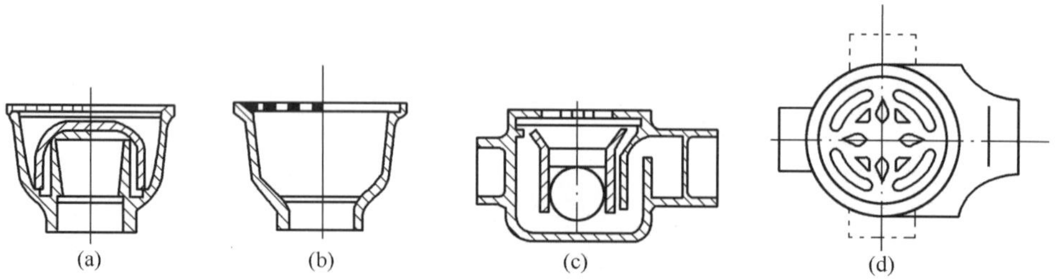

图 5－7　多用地漏

（a）无水封地漏　（b）圆形水封地漏

（c）DL 型通道地漏（无虚线表示的两通道）（d）DL 型三通道地漏（附洗衣机排入口）

的箅子孔进入排水管道，造成管道堵塞而排水不畅。平时用户不需要使用地漏时，也可利用塑料密封盖封死，如图 5－8 所示。

⑤防回流地漏　适用于地下室或为深层地面排水用，如用于电梯井排水及地下通道排水等，此种地漏内设防回流装置，可防止因污水干浅、排水不畅、水位升高而发生的污水倒流。一般采用附有浮球的钟罩形地漏或附塑料球的单通道地漏，也可采用一般地漏附回流止回阀，如图 5－9 所示。

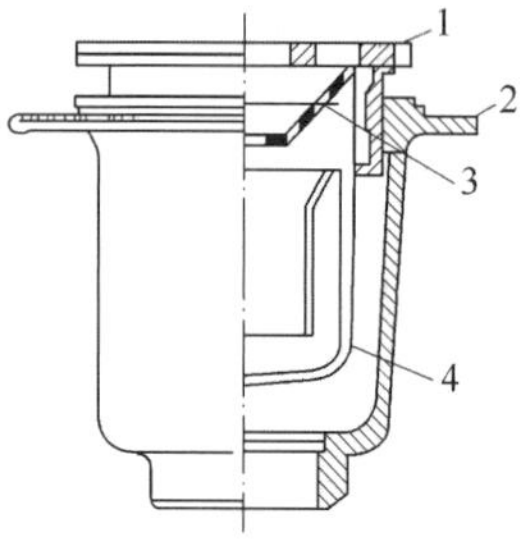

图 5－8　双箅杯式水封地漏

1—镀铬地漏　2—防水翼环

3—箅子　4—塑料杯式水封

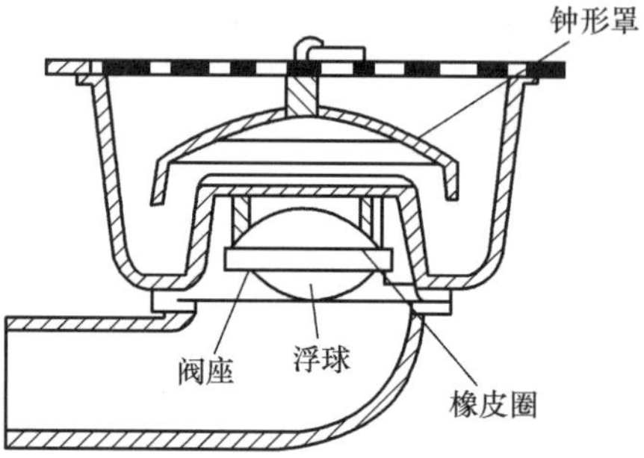

图 5－9　防回流地漏

（4）其他附件

①隔油具　厨房或配餐间的洗鱼、洗肉、洗碗等含油脂污水从洗涤池排入下水道前必须先经过隔油装置进行初步的隔油处理，这种隔油装置简称隔油具，装在室内靠近水池的台板下面，隔一定时间打开隔油具，将浮积在水面上的油脂除掉，也可在几个水池的排水连接横管上设一个共用隔油具。

②滤毛器　理发室、游泳池和浴室等公共空间的排水往往携带着毛发等絮状物，堆积多时容易造成管道堵塞场所的排水管应先通过滤毛器后再与室内排水干管连接或直接排至室外。

③吸气阀　吸气阀分Ⅰ型和Ⅱ型两种。在使用 UPVC 管材的排水系统中，为保持压力平衡或无法设通气管时，可在排水横支管上装设吸气阀。

5.2.2.12　卫生器具的安装与布置

卫生器具是建筑内部排水系统的重要组成部分，随着建筑标准的不断提高，人们对建筑卫生器具的功能要求和质量要求越来越高，卫生器具一般采用不透水、无气孔、表面光滑、耐腐蚀、耐磨损、耐冷热、便于清扫、有一定强度的材料制造，如陶瓷、搪瓷、生铁、塑料、复合材料等，卫生器具正向着冲洗功能强、节水消声、设备配套、便于控制、使用方便、造型新颖、色彩协调的方向发展。

（1）便溺器具

便溺器具设置在卫生间和公共厕所，用来收集粪便污水。便溺器具包括便器和冲洗设备，其中便器包括大便器、大便槽、小便器、小便槽。

①坐式大便器　按冲洗的水力原理可分为冲洗式和虹吸式两种，如图 5－10 所示。坐式大便器都自带存水弯。后排式坐便器与其他坐式大便器不同之处在于排水口设在背后，便于排水横支管敷设在本层楼板上时选用，如图 5－11 所示。

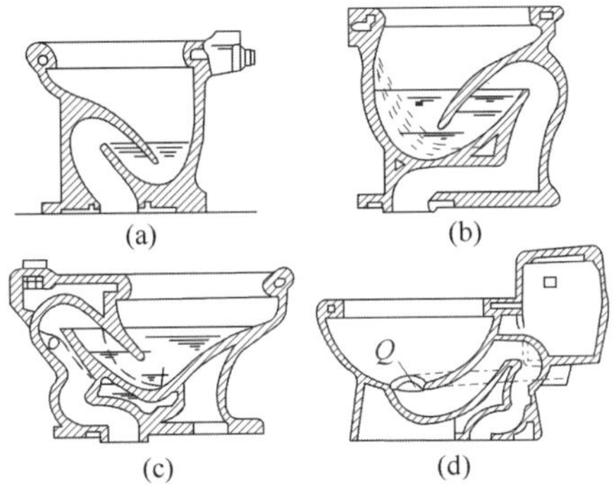

图 5－10　坐式大便器

（a）冲洗式　（b）虹吸式　（c）喷射虹吸式　（d）旋涡式吸式

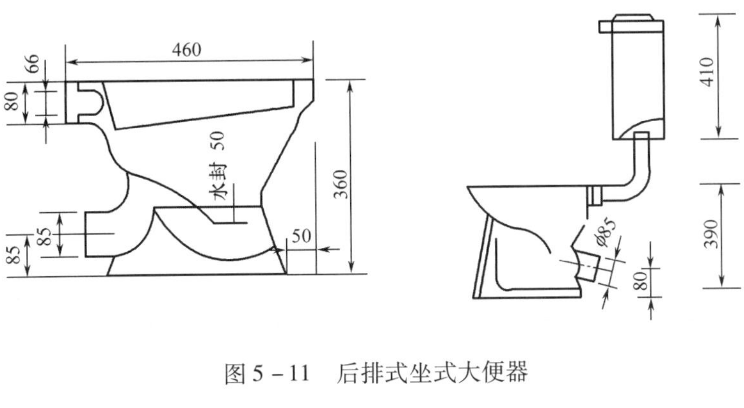

图 5－11　后排式坐式大便器

②蹲式大便器　一般用于普通住宅、集体宿舍、公共建筑物的公用厕所和防止接触传染的医院内厕所，如图 5－12 所示。蹲式大便器比坐式大便器的卫生条件好，但蹲式大

便器不带存水弯，设计安装时需另外配置存水弯。

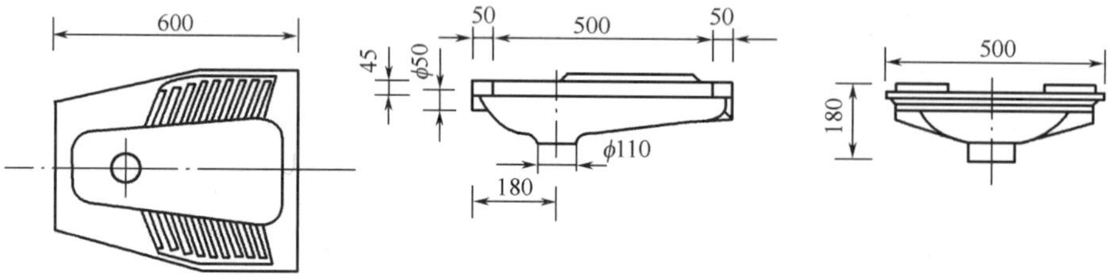

图 5－12　蹲式大便器

③大便槽　用于学校、火车站、汽车站、码头、游乐场所及其他标准较低的公共厕所，可代替成排的蹲式大便器，常用瓷砖贴面，造价低。大便槽一般宽 200～300mm，起端槽深 350mm，格的末端设有高出槽底 150mm 的挡水坎，坎底坡度不小于 0.015，排水口设存水弯。

④小便器　设于公共建筑的男厕所内，有的住宅卫生间内也需设置。小便器有挂式、立式和小便槽三类，如图 5－13、图 5－14 所示。其中立式小便器用于标准高的建筑，小便槽用于工业企业、公共建筑和集体宿舍等建筑的卫生间。

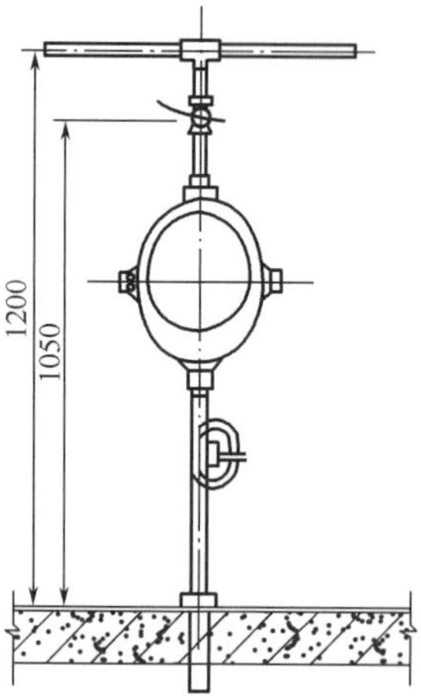

图 5－13　挂式小便器安装

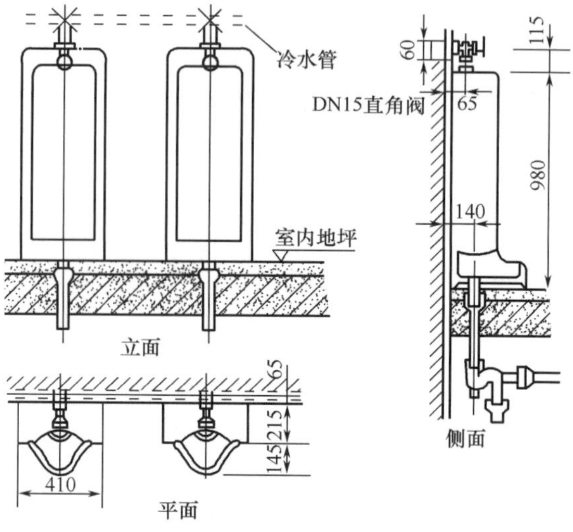

图 5－14　立式小便器安装

（2）盥洗器具

一般用于洗脸、洗手、洗头，常设置在盥洗室、浴室、卫生间和理发室等场所。洗脸盆有长方形、椭圆形和三角形，安装方式有墙架式、台式和柱脚式，如图 5－15 所示。

（3）淋浴器具

①浴盆　设在住宅、宾馆、医院等卫生间或公共浴室，供人们清洁身体。浴盆配有冷热水或混合龙头，并配有淋浴设备，如图 5－16 所示。

②淋浴器　多用于工厂、学校、机关、部队的公共浴室和体育馆内。淋浴器占地面

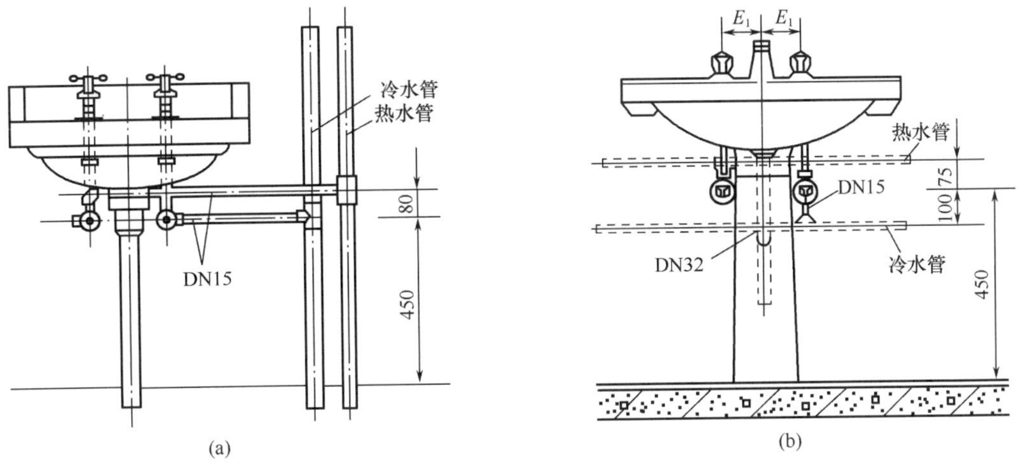

图 5－15　洗脸盆

（a）普通型　（b）柱式

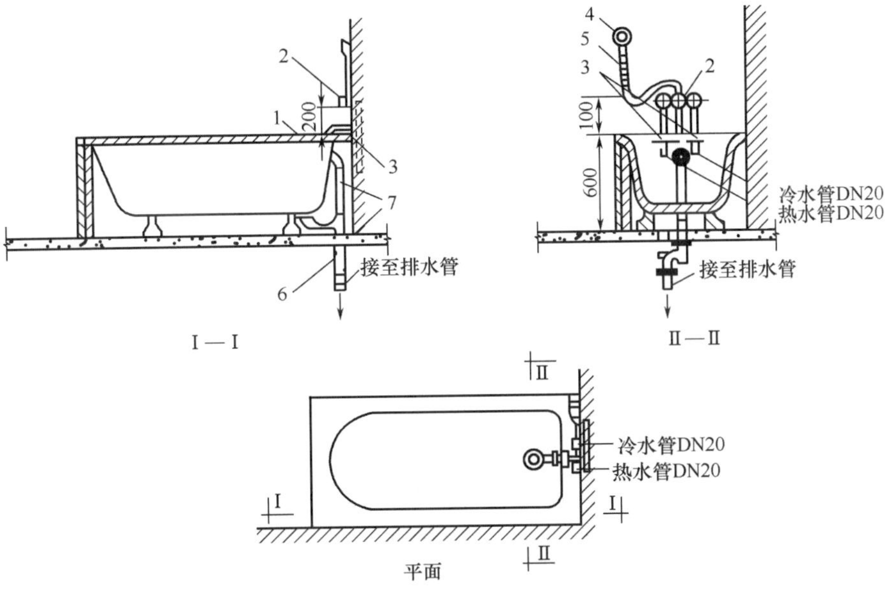

图 5－16　浴盆安装

1—浴盆　2—混合阀门　3—给水管　4—莲蓬头　5—蛇皮管　6—存水弯　7—排水管

积小，清洁卫生，避免疾病传染，耗水量小，设备费用低，如图 5－17 所示。

在建筑标准较高的建筑物的淋浴间内也可采用光电式淋浴器、脚踏式淋浴器。

（4）洗涤器具

①洗涤盆　常设置在厨房或公共食堂内，用来洗涤碗碟、蔬菜等。医院的诊室、治疗室等处也需设置洗涤盒。洗涤盆有单格和双格之分。

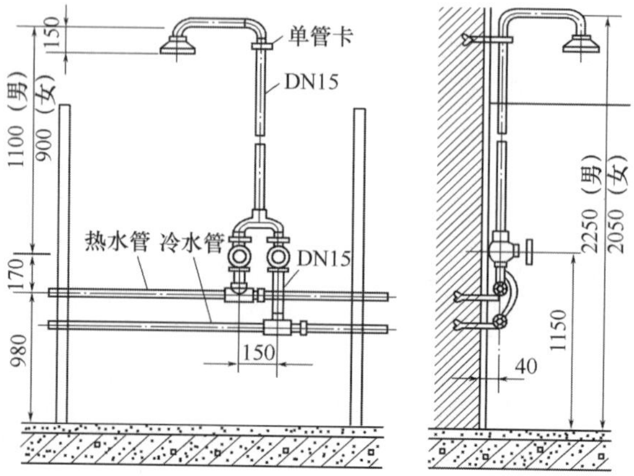

图 5－17 淋浴器安装

②化验盆 设置在工厂、科研机关和学校的化验室或实验室内，根据需要可安装单联、双联、三联鹅颈龙头。

③污水盆 又称污水池，常设置在公共建筑的厕所、盥洗室内，供洗涤拖把、打扫卫生或倾倒污水之用。

（5）卫生器具的冲洗设备

①大便器冲洗设备

a. 坐式大便器冲洗设备：常用低水箱冲洗和直接连接管道进行冲洗。低水箱与座体又有整体和分体之分，采用管道连接时必须设延时自闭式冲洗阀。

b. 蹲式大便器冲洗设备：常用冲洗设备有高位水箱和直接连接给水管加延时自闭式冲洗阀。为节约冲洗水量，有条件时尽量设置自动冲洗水箱。

c. 大便槽冲洗设备：常在大便槽起端设置自动控制高位水箱或采用延时自闭式冲洗阀。

②小便器和小便槽冲洗设备

a. 小便器冲洗设备：常采用按钮式自闭式冲洗阀，既满足冲洗要求，又节约冲洗水量。

b. 小便槽冲洗设备：常采用多孔管冲洗，多孔管孔径 2mm，与墙成 45°角安装，可设置高位水箱或手动阀。为克服铁锈水污染贴面，除给水系统选用优质管材外，多孔管常采用塑料管。

（6）卫生器具布置

卫生器具的布置，应根据厨房、卫生间和公共厕所的平面位置、房间面积大小、建筑质量标准、有无管道竖井或管槽、卫生器具数量及单件尺寸等来布置，既要满足使用方便、容易清洁、占房间面积小，还要充分考虑为管道布置提供良好的水力条件，尽量做到管道少转弯、管线短、排水通畅，即卫生器具应顺着一面墙布置，如卫生间、厨房相邻，应在该墙两侧设置卫生器具，有管道竖井时，卫生器具应紧靠管道竖井的背面布置，这样会减少排水横管的转弯或减少管道的接入根数。

根据《住宅设计规范》的规定，每套住宅应设卫生间。第四类住宅宜设两个或两个以上卫生间，每套住宅至少应配置三件卫生器具，不同卫生器具组合时应保证设置和卫生活动的最小使用面积，避免蹲不下或坐不下、靠不拢等问题。

卫生器具的布置应在厨房、卫生间、公共厕所等的建筑平面图（大样图）上用定位尺寸加以明确。图 5－18 为卫生器具的几种布置形式示例。

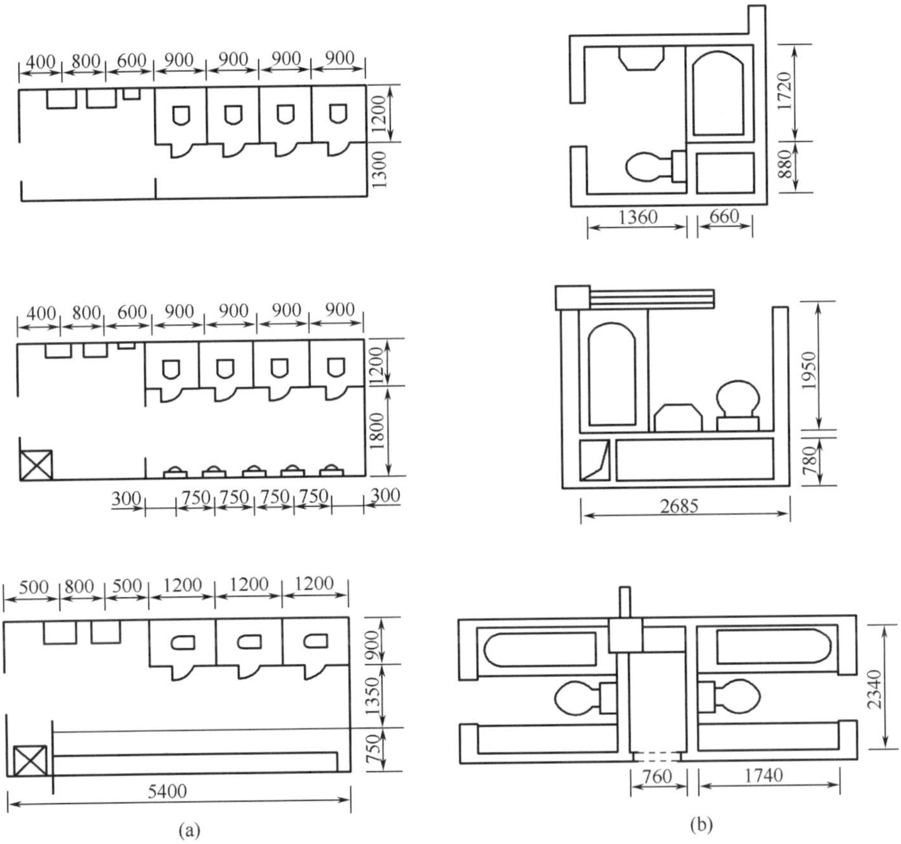

图 5－18　卫生器具平面布置图

（a）公共建筑厕所内　（b）卫生间内

5.2.2.13　排水管道布置

在排水管道的设计过程中，应首先保证排水畅通和室内良好的生活环境。一般情况下，排水管不允许布置在有特殊生产工艺和卫生要求的厂房以及食品和贵重商品仓库、通风室和配电间内，也不应布置在食堂，尤其是锅台、炉灶、操作主副食烹调处，更不允许布置在容易引起燃烧爆炸或损坏原料、产品和设备的地方。

（1）排水立管

排水立管应布置在污水最集中、水质最脏、浓度最大的排水排出处，使其横支管最短，尽快排出室外。一般不要设在卧室、病房等卫生要求高和需要保持安静的房间，最好不要放在邻近卧室内墙，以免立管水流冲刷声通过墙体传入室内，否则应进行适当的隔音处理。

（2）排水横支管

排水横支管一般在本层地面上或楼板下明设，有特殊要求或为了美观时可做吊顶，将排水管隐蔽在吊顶内。为了防止排水管（尤其是存水弯部分）的结露，必须采取防结露措施。

（3）排水出户管

一般按坡度要求埋设于地下。如果排水出户管须与给水引入管布置在同一处时，两根管道的外壁水平距离不应小于1.5m。

5.2.2.14 案例

别墅给排水设计是别墅装修中最致命、最考验设计师水准的地方，因为别墅一般位于城市的郊区，市政供应的自来水无法直接入户。现在多数别墅小区都是采用就近深井地下水作为水源，进行一定的处理之后入户。由于处理技术能力有限，往往无法达到市政供应自来水标准，因此即使是生活用水水质也非常差。而由于地下水重金属含量相对较高，同时水质硬度相对较高，因此进行一般的处理之后作为饮用水也将大大威胁人的健康，而使用桶装水由于距离市区较远带来的成本和二次污染使得用户必须寻找独立的饮用水解决方案，因此给排水设计就成了别墅装修中的“紧箍咒”。

图5－19所示为某别墅室内给排水管道平面布置图实例。具体设计步骤如下：

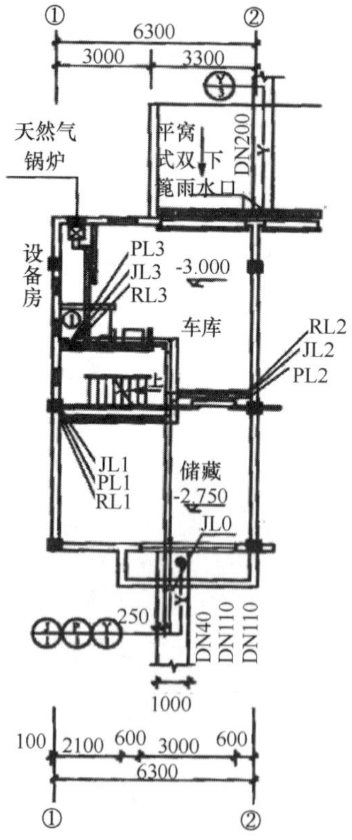

地下室给排水平面（1：100）

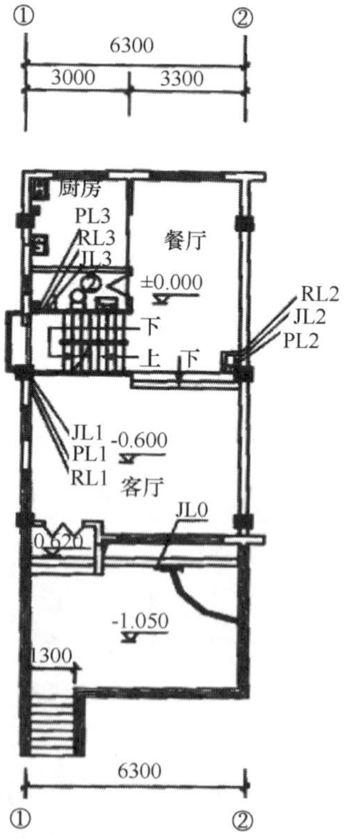

一层给排水平面（1：100）

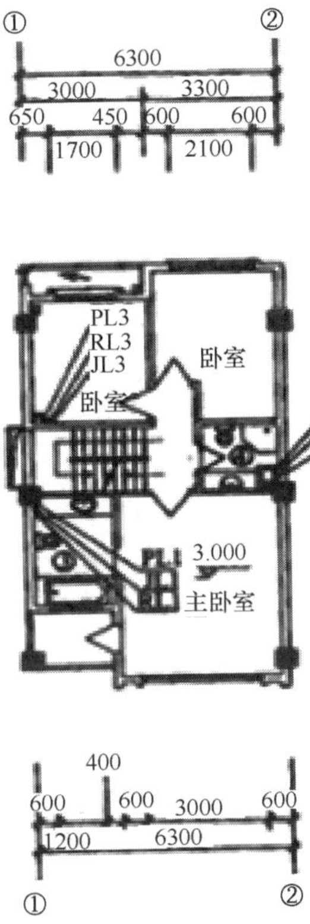

二层给排水平面（1∶100）

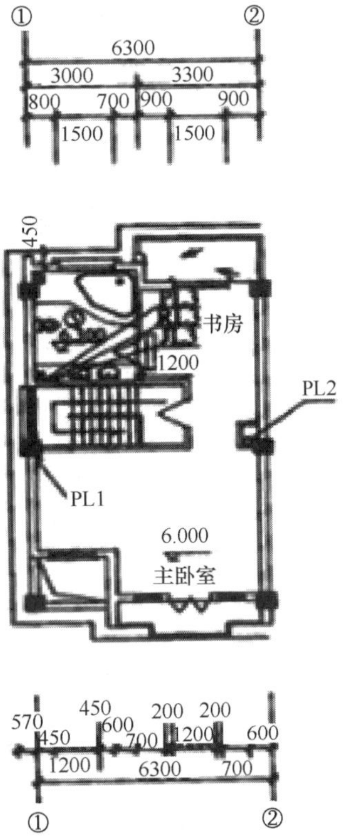

三层给排水平面（1∶100）

图5－19　某别墅给排水图

（该图纸由广东华宁装饰遂宁分公司提供）

①设计该别墅室内卫生器具和用水设备的类型、数量以及位置。

②设计给排水系统中各个干管、立管、支管的平面位置、走向和管道的敷设方式。

③考虑管道器材设备、附件，如阀门、水箱、消火栓、地漏、检查口等的设置。

④设计给水引入管、水表节点、检查井、排出管的平面位置、走向。

⑤绘图比例和管道设备安装所需的预留孔洞、预埋件等。

⑥编排立管的编号。

（1）别墅给水系统

别墅客户的用水一般包括饮用水、生活用水、户外用水和游泳池用水几大方面，在别墅给水设计中，为了贯彻节约能源、节约用水和综合利用的原则，根据不同的供水用途确定不同的处理工艺和规模，进行分质供水。别墅区采用独立的家庭净水设备制备净水，并设置循环管道，防止水质变坏。

①别墅饮用水　别墅饮用水一般选择净水机或多功能制水机来实现，与饮用水直接相关的日常用水（包括客厅直饮水、厨房饮用水、浴室沐浴用水、涉水家电用水等）通过软水系统和净水系统，整体解决别墅的水处理需求。

中央软水机安装于主水管道，去除水碱、水垢，保护涉水家电，如点暖系统、中央空调、热水器、洗衣机、咖啡机、电熨斗等。

中央净水机安装于主水管道，全屋净化。去除水中泥沙、铁锈、悬浮物、细菌病毒等杂质。

厨房净水机安装于橱柜水盆下，深度去除泥沙、铁锈、漂白粉、悬浮物、细菌病毒、化学污染物、重金属污染物。用于烧开水、煮饭、煲汤、洗水果、洗脸、刷牙等。

管线机安装于客厅、卧室、书房，直接饮用。

②别墅生活给水　一般生活给水包括日常生活用水、热水、游泳池用水几个方面，别墅生活给水处理一般采用智能管网直接供水装置，可按照最高用水定额来设置最佳供水量。

a. 最高日用水估算：包括客房、餐饮、洗衣、休闲、淋浴、娱乐及其他用水额度，别墅客户可以根据平时需要进行粗略估计并与水电设计师详细沟通，为别墅水处理进行合理的解决措施。

b. 热水系统：热水一般涉及客房用水、取暖、休闲中心以及温水游泳池等，需要估算的地方包括客房耗热量、淋浴、桑拿、游泳池水面蒸发热损失、传导热损失、池壁和池底传导热损失及管道热损失等，根据需要详细计算总热需要，以便后期合理处理热水系统。

一般别墅的热水系统热源为燃气锅炉，采用容积式水换热器供给各用水点，根据不同功能采用不同组换热器，以便管理。另外，休闲中心和游泳池部分应预留设备用房和管道接口。

（2）别墅排水系统

排水系统是别墅水处理系统的重要一环，必须在给排水设计中充分考虑可能的变化，认真分析研究，合理取值，提供合理、可靠的管道接口，方可满足各方面的要求，满足规范要求。

一般地下室部分为压力排水，其余自流排放，排水系统为污废合流排放，污水收集经化粪池处理后排小区污水管道。别墅排水应当考虑及时将消防用水排放，同时应防止可燃物（如油料）流到其余区域，影响其余区域安全，一般锅炉和消防用水采用密闭水封井排水。另外，休闲娱乐场所排水横管比较长，必须设置环形通气管道，以平衡管道内气压平衡，防止水封破坏。

5. 2. 3　中央空调系统

中央空调系统有主机和末端系统。负担室内热湿负荷所用的介质可分为全空气系统、全水系统、空气－水系统、制冷剂系统。按空气处理设备的集中程度可分为集中式和半集中式。按被处理空气的来源可分为封闭式、直流式、混合式（一次回风、二次回风）。主要组成设备有空调主机（冷热源）、组合式空调机组（风柜）、风机盘管等。

从本质上讲，中央空调系统均由空气热湿处理设备、空气输送设备、空气分布装置三大部分组成。此外还有制冷系统、供热系统及自动调节系统。空气热湿处理设备主要是对空气进行加热、加湿、冷却、除湿等处理。

5.2.3.1　常用空气湿处理设备

空气的加湿方法一般有喷水加湿（湿膜加湿）、高压蒸汽加湿、超声波加湿、远红外线加湿等。利用蒸汽锅炉使水变成蒸汽和空气的混合过程为等温加湿过程。

（1）等温加湿设备

①蒸汽喷管和干蒸汽喷管。

②干蒸汽加湿器。

③电热式加湿器。

（2）等焓加湿设备

直接向空调房间空气中喷水的加湿装置有压缩空气喷雾器、电动喷雾机、超声波加湿器。

（3）空气减湿设备

①冷冻减湿机　在既需要减湿又需要加热的场所使用冷冻减湿机较合适。而在室内产湿量大、产热量也大的地方，最好不采用冷冻减湿机。

②氯化锂转轮除湿机　氯化锂转轮除湿机利用一种特别的吸湿纸来吸收空气中的水分。

（4）固体吸湿剂

在空调工程中最常用的吸附剂是硅胶。硅胶失去吸湿能力后，可以加热再生，再生后的硅胶仍可重新使用。

5.2.3.2　表面式换热器

表面式换热器属于空气输送设备，它由冷却器、加热器、蒸汽盘管组成。

（1）盘管表面式换热器

有光管式和肋管式两种。根据加工方法不同，肋片管又可分成绕片管、串片管和轧片管。

为了便于使用和维修，冷、热媒管路上应设截至阀、止回阀、过滤器、平衡阀、压力表和温度计等。在蒸汽加热器的蒸汽管路上还要设蒸汽调节阀门和疏水器。为了保证表面式换热器正常工作，在水系统的最高点应设排空气装置（如立式和卧式排气阀），而在最低点应设泄水阀门和排污阀门。

（2）电加热器

它有结构紧凑、加热均匀、热量稳定、控制方便的优点。但是电加热器利用的是高品位的热能，它只宜在一部分空调机组和小型空调系统中使用。在恒温精度要求较高的大型空调系统中，也常用电加热器控制局部加热或作末级加热使用。

常用的电加热器有裸线式和管式两种。

为了确保安全，设计安装电加热系统特别是采用裸线式电加热器时，必须满足下列要求：

①电加热器宜设在风管中，尽量不要放在空调器内。

②电加热器应与送风机联锁。

③安装电加热器的金属风管应有良好的接地。

④电加热器前后各0.8m范围内的风管，其保温材料均应采用绝缘的不燃材料。

⑤安装电加热器的风管与前后风管连接法兰中间须加耐热不燃材料的衬垫。

⑥暗装在吊顶内风管上的电加热器，在相对于电加热器位置处的吊顶上应开设检修孔。

⑦在电加热器后的风管中应安装超温保护装置。

5.2.3.3 中央空调系统的分类

（1）风管机

一台定频室外机及一台定频室内机，通过风管把冷热风送至每个房间，可方便将室外新风引入，对空气进行加湿等集中处理也较容易，是廉价的机器。设计合理每个房间的噪声仅增加 1～3dB，卧室不必吊顶，每个房间在可高于主温控器设定的温度以上对温度进行控制；可以有一定比例的能量转移，达到节能及加快空调冷热速度的效果。

室内机局部噪声较大，根据现场不同的安装条件，实测在 42～52dB，对设计及安装要求很专业。

（2）一拖多机组

①定频多联机　把分体空调集中到一个室外机中，最多一拖三，里面有三台压缩机，冷媒系统各自独立；把明装壁挂室内机改变成暗藏式；引进新风困难，是分体空调的一种变形，卧室内风机噪声由低到高要增加 7～14dB，最高达 50dB。每个卧室需增加长 1.2m 以上、宽 0.6m、高 0.3m 的吊顶，另需设检修孔；每个内机都需有冷凝水排放的管路。

冷媒系统独立，但电路部分的有共用点；如发生外风机、外机温度探头、压力保护或电器局部短路等故障时，整套机器将无法运行。

②定、变频一拖多　其中有 1～2 台变频压缩机或另加 1 台定频压缩机，电路上有射频干扰，对电脑有影响。检修孔、吊顶冷凝水排放、噪声指标与多联机相同；对氟管的分支器要求设计合理；上、下层共用一台机器，对管路要求更高；较易在全开启时出现末端内机效果太差的情况。

（3）冷热水机

定频冷热水机或变频冷热水机是大型中央空调的缩小产品，冷凝器由水冷变成风冷，用水泵将冷热水送至风机盘管。引入新风、检修孔、吊顶冷凝水排放，噪声指标与多联机相同，但又增加了冷热水管；由于温度差很大，密封问题突出，出现漏水对装潢的破坏较大。另外，大型中央空调蒸发器都需要定时清理和酸洗，家用冷热水机对此还无良策，长期使用，冷热交换器的效率将大打折扣，如能与中央水处理系统相结合，可克服上述难点。

单独房间使用空调，其他房间风机盘管有冷热水管流过，也会产生能耗；现较流行采用电磁水阀来关闭水路，除去造价上升外，还会使局部水流速过高，产生噪声。

5.2.3.4 工作原理

（1）冷（热）水机组的基本工作过程

室外的制冷（热）机组对冷（热）媒水进行制冷降温（或加热升温），然后由水泵将降温后的冷媒（热）水输送到安装在室内的风机盘管机组中，由风机盘管机组采取就地回风的方式与室内空气进行热交换，实现对室内空气处理的目的。

（2）风管（道）式机组的基本工作过程

供冷时，室外的制冷机组吸收来自室内机组的制冷剂蒸气，经压缩、冷凝后向各室内机组输送液体制冷剂。供热时，室外的制冷机组吸收来自冷凝器的制冷剂蒸气，经压缩后向各室内机组输送气体制冷剂，室内机组通过布置在天花板上的回风口将空气吸入，进行热交换后送入安装在室内各房间天花板中的风管（道）内，并通过出风口上的散流器向室内各房间输送空气。在风管（道）上设计有新风门和排风门，可以按一定比例置换空气，以保证室内空气的质量。

（3）变频一拖多机组的基本工作过程

各室内机组通过暗装的方式布置在天花板上。通过其回风口将空气吸入，进行热交换后送入，再从送风口将处理后的空气采取就地回风的方式送回室内。

机组在能量调节方式上由微电脑控制，室外机组的变频式压缩机根据室内冷热负荷的变化，自动调节压缩机的工作状态，以满足室内冷热负荷的要求。

5.2.3.5　餐饮空间中央空调设计内容和特点

中央空调系统设计内容主要包括负荷计算、系统选择和设计、管路设计。

（1）空调负荷的计算

空调负荷计算为合理选择空调末端处理设备和确定冷、热源设备容量提供依据。空调负荷计算包括夏季冷负荷计算和冬季热负荷计算。在方案设计阶段，可采用负荷估算指标进行负荷计算。在施工图设计阶段，根据规范要求，应对各功能空间进行逐项逐时的负荷计算。

确定空调负荷时，对于住宅等以围护结构负荷为主的房间，应考虑间歇负荷附加系数为1.10～1.20。同时，还应考虑邻室无空调时温差传热所引起的负荷。

负荷计算时还应考虑新风负荷，没有新风引入的空调系统不是完整的家用中央空调系统。

（2）系统选择和设计

选用空调系统时，应充分考虑运用场合、使用特点和客户的要求等因素。

①风管式空调系统　风管式空调系统负荷调节能力较差，机组只是根据回风参数控制压缩机的起停。机组送风量一般不能随房间空调负荷变化而变化，当一个房间需要送风时，其他不需要空调的房间同样有风送入。整体式机组应尽量靠近服务区域布置，以使送回风管尽量短直。由于空气处理设备置于整体式机组内，新风引入非常方便。对于层高较低的空调区域，如住宅，主风管尽量布置在走廊、客厅周边，以便于装饰处理，支管上均应设风量调节阀。送风口以侧送双层百叶风口为主，也可根据装潢需要，采用顶送散流器风口或条缝型风口等。

②空气源冷热水机组　空气源冷热水机组的压缩机分为定速和变速两种。对于定速冷热水机组，室内负荷变化容易造成压缩机频繁起、停，由于水系统规模小，应考虑系统的热稳定性要求，以免造成部分负荷时压缩机频繁起动。因此系统中宜设储蓄水箱，或加大供、回水温差的设定值。对于冬季间歇运行，并且室外气温较低而致使系统容易结冰的地区，可以将蒸发器及循环水泵与室外主机分开而组成室内辅机。室内辅机与室外主机用制冷剂管连接。在寒冷地区，冬季室外温度较低，根据夏季冷负荷选用的冷热

水机组，冬季供热量常常不能满足冬季热负荷的要求，此时应考虑选用辅助电加热来增加供热量。

水量控制一般有三种方式。一是变流量方式，由室内温控器控制机组出水管上的电动二通阀的开启或关闭，当风机盘管停止运行时，该阀关闭。空调水总管上装设压差旁通阀，以稳定进入机组的流量。二是定流量方式，由室内温控器控制机组出水管上的电动三通阀开启或关闭。三是置于定流量与变流量之间的混合方式，该种方式中，离主机近的部分机组采用电动二通阀，其他机组则采用三通阀，此时可省掉压差旁通阀，采用此种方式时应注意二通阀与三通阀的数量配备，三通阀数量过少，有可能导致主机因水流量过低而停机。

③VRV 变制冷剂流量热泵机组　VRV 系统设计时应考虑制冷剂泄漏的影响。VRV 系统中制冷剂管路较长，制冷剂量较多，施工不当会出现泄漏。当计算结果大于危险浓度时，可以采取以下两种措施：

a. 房间开设与外界相通的通风窗，通风面积应大于或等于地板面积的 15%；

b. 设置 R22 泄漏报警装置和与之联锁控制的排风机。

（3）管路设计

管路设计包括水管系统设计和风管系统设计。水管系统中，对于干管，管内水流速宜低于 1.2m/s；对于支管，管内水流速宜定为 0.6m/s 左右。应对水管路进行阻力计算，校核主机所配水泵扬程是否满足要求，为避免空气滞留于管内，水管的最高处应装设自动排气阀。

对于冷凝水系统，水平管道一般应沿水流方向保持不小于 0.005 的坡度，冷凝水管可采用镀锌钢板或 RPVC 管，冷凝水管可采用镀锌钢管或 UPVC 管，冷凝水管可采用厚度为 10mm 的难燃型泡沫橡塑材料进行保温。为了降低气流噪声，风管主管内风速宜低于 6m/s，支管风速宜低于 4m/s，送、回风口风速宜取 2m/s。

在餐饮空间中央空调设计通常使用暗装风管机采用下送下回的送风方式，风管机多档静压保证了室内送风的均匀，又配合了装潢。此时餐厅的中央空调需要注意风管机送风口要避开吊灯或者装饰，以免影响中央空调效果。而如果餐厅的中央空调做的是全吊顶，便可使用嵌入风管式，进一步提高在餐饮空间活动时的舒适度。

5.2.3.6　设计步骤

中央空调设计流程主要分为以下三步。

（1）选择合适的机型和容量

空调容量，也就是通常说的匹数。配置中央空调时，选择合适的容量很重要。过小则效果不好，过大反而会造成前期投资成本的浪费。一般专业的中央空调设计师在配置前先会去现场进行勘察，然后使用专门的热负荷计算软件，再充分考虑房屋的特点，比如是否顶层、窗户多大、朝向哪里等，才能配置出最佳的空调容量，并选定合适的机型。

（2）空调的安装位置要选好

在正式安装前，中央空调的具体安装位置也很关键。如果安装位置不佳，例如中央空调的回风口设置在有太阳直射的地方，也可能会影响实际的使用效果。如果安装位置选择得比较合理，一些像小书房、小卧室等房间就不会让人产生压抑感。

（3）空调风口与装饰设计要配合

中央空调的设计需要与家居内装潢、吊顶结合起来考虑。一般专业的中央空调设计师在装修开始前就会与客户、装潢设计师一起进行有效的沟通，确定中央空调的送、回风方式及吊顶造型，以保证空调效果，同时还要考虑美观性。

值得注意的是，中央空调设计并不是个人来完成的，好的中央空调设计还需要建筑、结构、水暖、电气等各专业设计人员之间的协同工作，密切配合。

5.2.3.7　案例

某餐厅中央空调设计如图 5－20 至图 5－22 所示。

5.2.4　配电路设计

供电网络由引下线、进户线、干线、支线及接至照明器的配电线路组成。由室外架空供电线路的电杆上至建筑外墙的角铁支架．这段线路称为引下线；由外墙支架至总照明配电箱这段线路称为进户线；由总照明配电箱至各分配电箱的线路称为干线；由分配电箱引至用户电表箱曲线路称支线；由用户电表箱接至照明灯具、开关、插座的线路称为配电线路。

5.2.4.1　照明干线布置方式

照明总配电电箱与分配电箱连接，通常有如下三种。

（1）放射式供电线路

如图 5－23（a）所示。从照明总配电箱至各分配电箱，均由独立的干线供电，各自构成回路。这种供电方式的优点是当其中一个分配电箱发生故障或某路干线发生故障时，不致影响其他分配电箱的供电，即供电可靠性高。其缺点是耗用的线路较多，增加了工程投资。

（2）树干式供电线路

如图 5－23（b）所示。由照明总配电箱引出的一组干线上串接几个分配电箱，一般每组干线最多串接 3～5 个分配电箱。这种方式供电的可靠性较放射式差，但节省了导线，降低了工程投资，因此它是目前照明设计中常用的一种方式。

（3）混合式供电线路

如图 5－23（c）所示。这是放射式与树干式的混合供电方式，这种方式多用于多层及高层建筑。在低层建筑中供电可靠性要求较高的地方可采用放射式，其他部分采用树干式供电。

5.2.4.2　照明供电系统

（1）单相单支路供电系统图

对于供电面积及用电负荷均较小，220V 单相供电，并且只需一个配电箱和一条支路就能满足要求的照明供电设计，其供电系统图如图 5－24 所示。

（2）多支路供电系统图

对于单层房屋建筑，无论单相或三相供电，只需要一个配电箱供电就能满足服务要求，其多支路供电系统如图 5－25 所示。

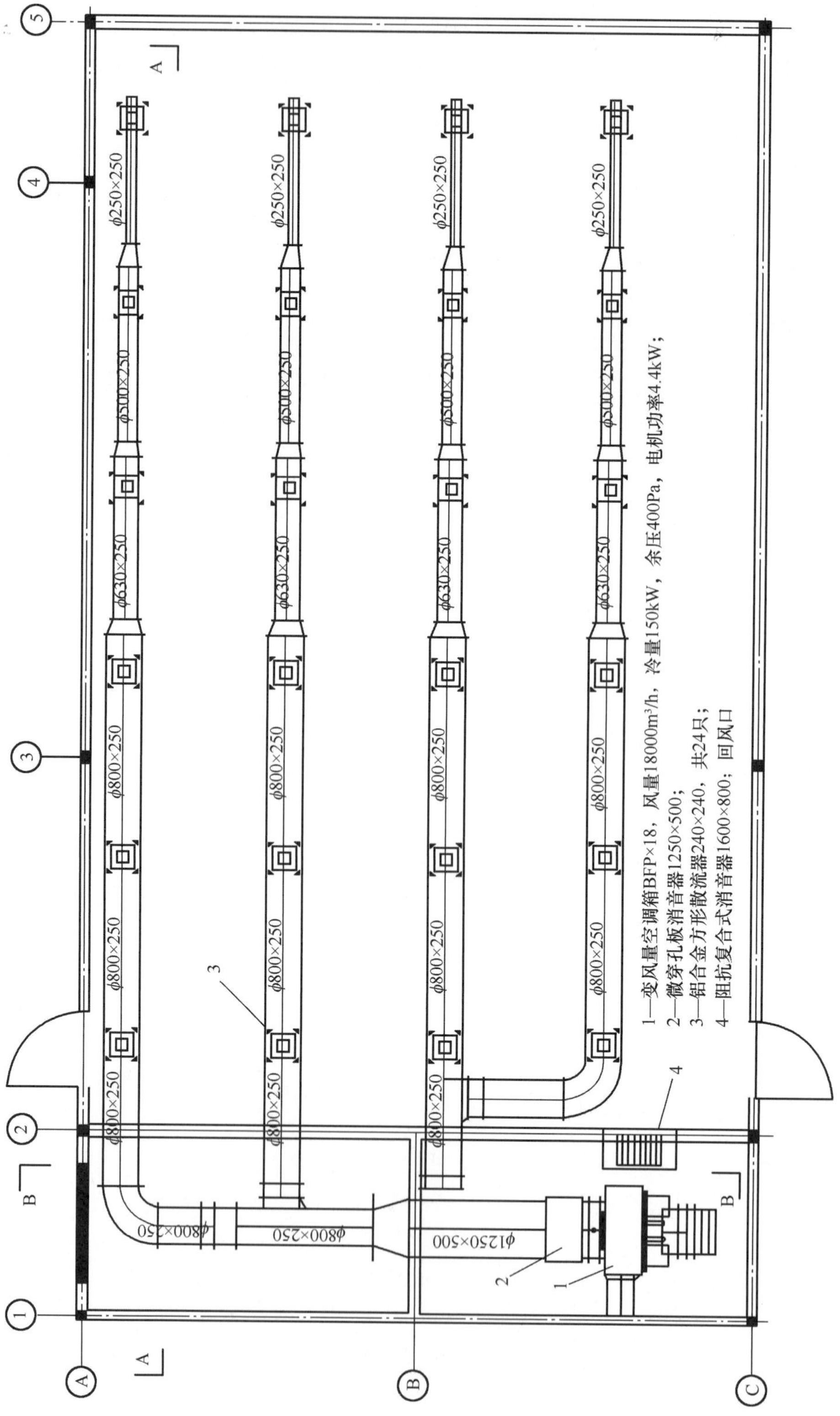

图5-20 某餐厅中央空调平面图
（由广东华宁装饰遂宁分公司提供）

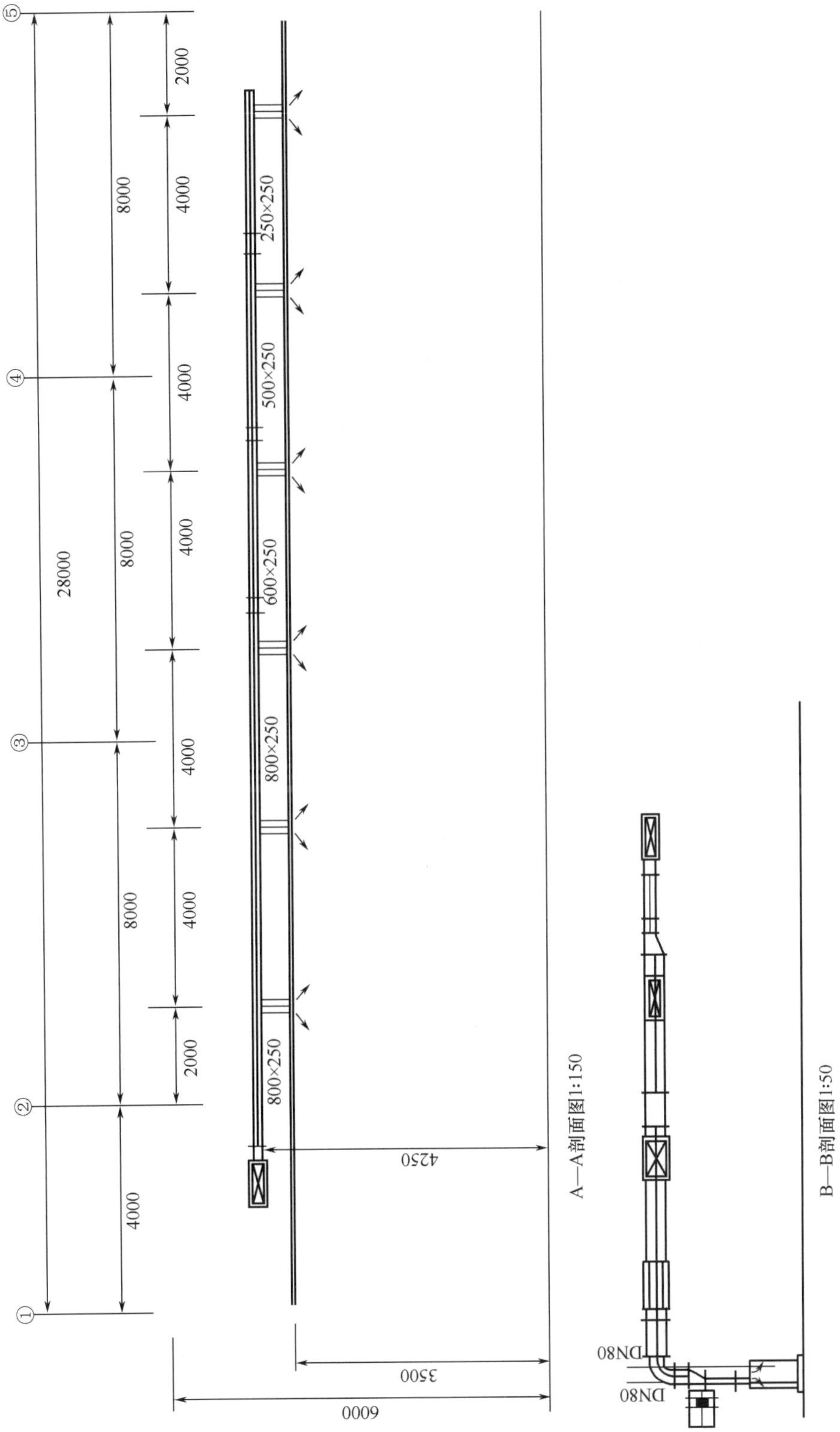

图5-21　某餐厅中央空调剖面图
（由广东华宁装饰遂宁分公司提供）

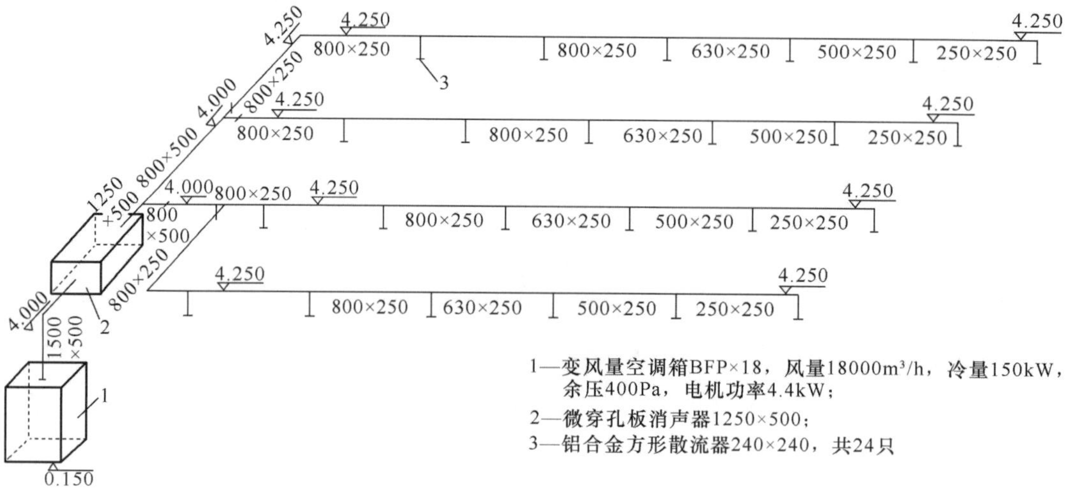

图 5－22　某餐厅中央空调系统图

（由广东华宁装饰遂宁分公司提供）

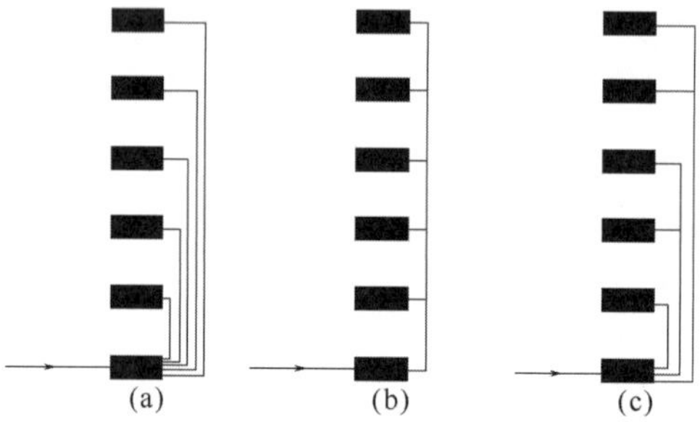

图 5－23　干线供电方式

（a）放射式　（b）树干式　（c）混合式

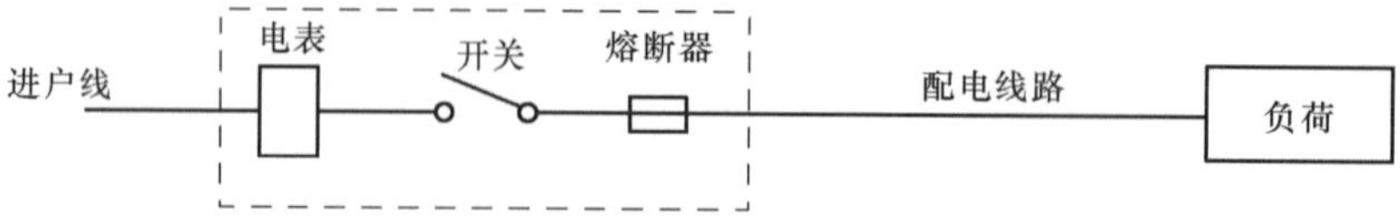

图 5－24　单相单支路供电系统图

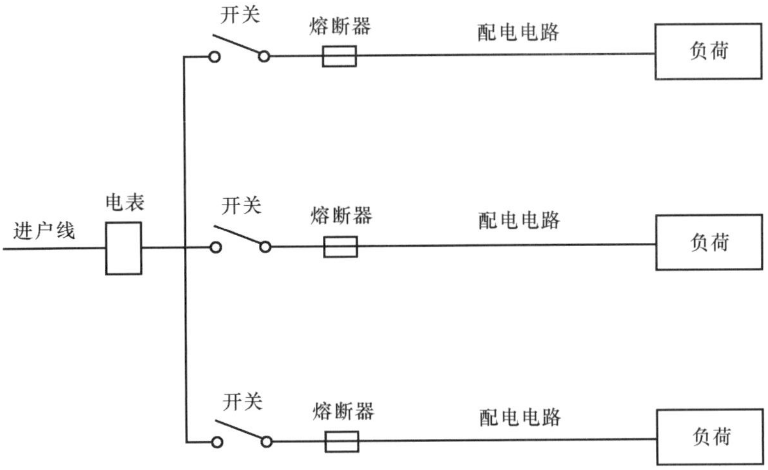

图 5－25　多支路供电系统图

（3）多层公共建筑物的照明供电系统

对于多层民用建筑来说，无论用电负荷大小，当因供电范围大、楼层多、线路长，一般支线的供电范围，单相支线不超过 30m；三相支线不超过 80m，其每相电流以不超过 15A 为宜。所以只设一个配电箱不能满足要求，且使用不方便，供电不安全。因此应根据多层建筑各楼层的情况和供电允许范围，决定各楼的楼层配电箱的数量及安装位置，同时也要考虑各楼层配电箱的安装位置在同一垂直线上，以便于线立管的敷设和供电。然后确定总配电箱的位置（大楼值班室、楼梯间或单独设置的配电室）及干线、进户线的走向。最后将各楼层配电箱与总配电相连接，如图 5－26 所示。

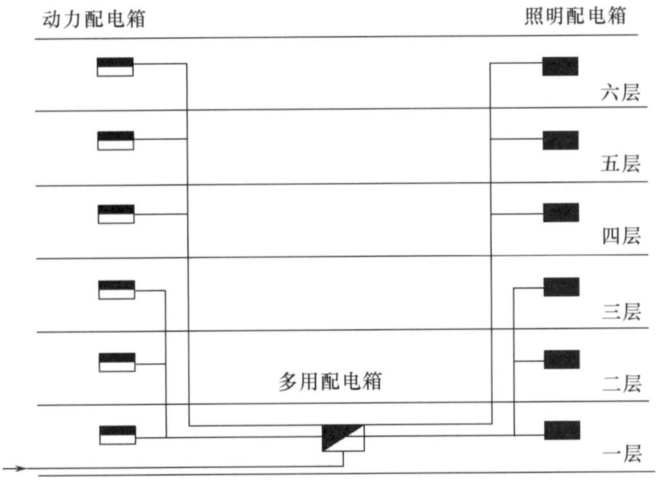

图 5－26　多层建筑的照明供电干线图

对公共建筑物供电在小容量动力负荷（2～3kW）以内时，可从楼层配电箱引一单独支线供电；动力负荷在 14kW 以内时，则应由总电箱处专线供电。

干线采用树干式形式向分配电箱供电时，所连接的分配电箱数量宜在3个以内。

（4）单元式住宅照明供电系统图

随着家用电器普及率的迅速提高，住宅耗电量急骤增长，这是电气设计中必须考虑的一个问题。根据调查资料表明，目前一般家庭的用电负荷额定容量普遍达到1.0～1.2kW，较少家庭达到2.0～2.5kW，预计今后数年内可达6～7kW。当然随着电器设备的增多，用电需要系数也会相应地减小（由0.8减至0.4～0.45）。但是对于电气设计工作者来说，必须充分认识这一趋势，以适应设计的需要，合理选择变压器容量、配电装置、导线截面、计量及保护装置。

5.2.4.3 照明线路的一般要求

（1）正确选择供电电压

照明线路的供电一般为单相交流220V；若负荷电流超过30A时，应采用380/220V的三相四线制供电。

局部照明线路电压为交流36V；在有触电危险和工作面很窄或低矮的地方，或特别潮湿的场所，局部照明和移动式照明应采用24V或12V电压。

事故照明线路应有独立电源供电，与工作照明分开，或者在正常工作时事故照明灯具由工作照明线路供电，在工作线路发生故障时能自动接上备用的事故照明电源（如应急灯）。事故照明电源电压为220V。若事故照明设独立专线时，则事故照明电压依电源电压而定。

（2）线路的保护接地或接零

电气设备的金属外壳在正常情况下是不带电的。但是，当电气设备的绝缘有损伤时，电气设备的金属外壳就可能带电。若人体触及这种带电的金属外壳，就有发生触电的危险。

为了避免这种由于绝缘损坏而引起的触电事故，我们可以采取很多措施，但主要的措施是将正常情况下不带电的金属外壳与大地作良好的金属连接，即敷设保护接地装置，或金属外壳与零线（中线）作金属连接，即保护接零。

在民用建筑物内，由于家用电器的普及，合理考虑电器的保护接地或接零是非常重要的。

①家用电器插座应采用单相三插头插座，线路应为单相三线或三相五线制。

②暗装金属管线的管子、开关盒、转线盒、灯头盒均应焊接连通接地。

③在三相四线制照明线路中，零线还起着安全用电的保护作用。零线不应断开，故在零线上不准安装开关或熔断器。

④在三相四线制的照明中，负荷容量较大时，应在进户线支架处或下线电杆上将零线引下接至接地极，这种措施称为重复接地。重复接地的接地极电阻应不大于30Ω。

⑤在同一供电系统中的设备，不允许一部分采用保护接零，而另一部分采用接地。

5.2.4.4 照明供电设计

平面供电线路系由楼层配电箱引出，至户用电表箱（或几种灯具控制箱），再引至照明灯具控制开关及设备用插座。其布置原则为：

①线路应成直线走向，与建筑结构相适应，要求线路最短，避免不必要的绕弯。

②导线不能靠近烟道、潮湿场所、上下水管等处，如必须经过，则要做安全处理。电气线路与各种管道间的最小距离见表5－9。

③线路在经过建筑物的伸缩缝及沉降缝处，应有补偿装置，在跨越处的两侧应将导线固定，并留有适当余量。

④便于敷设与维修。

⑤便于用户使用与管理（如住宅应分户供电，以便设户表）。

⑥动力与照明应分别走线。

表5－9　　电气线路与各种管道间的最小距离　　单位：mm

管道名称	配线方式	穿管配线	绝缘导线明配线	裸导线配线
蒸汽管	平行	1000（500）	1000（500）	1500
	交叉	300	300	1500
暖、热水管	平行	300（200）	300（200）	1500
	交叉	100	100	1500
通风、上下水、压缩空气管	平行	100	200	1500
	交叉	50	100	1500

注：表内括号数字为管道下边距离。

5.2.4.5　合理选择导线

合理地选择配电导线不但可以节省有色金属，而且保证供电的质量与安全，选择导线主要是确定导线型号和导线截面。

（1）导线型号的选择

导线有铜芯和铝芯两种。铝芯导线的电阻率比铜芯导线的电阻率大，在电阻相同的情况下，铝线的截面积比铜线大一倍多；铜线的机械强度比铝线的机械强度高，但铝线质轻，在电阻相同的情况下，仅为铜线质量的50%左右，而且铝线的资源丰富、价格比铜线便宜，因此，除对导体材质、尺寸、机械强度等方面有特殊要求之外，一般优先采用铝芯导线。在装修过程中，在建筑内进行暗设或预埋暗线时，常常采用的是铜芯导线，因为在更换暗线时，需要较高及较大的机械强度才能将预埋的线拉出，一旦线被拉断，整个暗线系统就将报废，失去意义。

从节能的角度综合考虑，为了减少电能在传输时及传输过程中引起的线路上的电能损耗，要求减少导线的阻抗，由于铜芯导线的使用寿命及年限比铝芯导线要长，故使用铜芯导线比铝芯导线要好得多。

导线有单股和多股两种。多股线是由几根线绞在一起构成一根导线。由于绝缘材料的不同，导线的种类和型号很多，一般建筑室内照明常用导线的型号、规格及用途，见表5－10。

表 5－10 绝缘导线的型号、名称及主要用途

型号	名称	主要用途
BXF	铜芯氯丁橡皮线	固定敷设，尤其适用于户外
BLXF	铝芯氯丁橡皮线	
BX	铜芯橡皮线	固定敷设
BLX	铝芯橡皮线	
BXR	铜芯橡皮软线	室内安装
BV	铜芯塑料线	用于交（500V）、直流（1000V）的电气设备及电气线路，明敷、暗敷护套线可以直接埋地
BLV	铝芯塑料线	
BVV	铜芯塑料护套线	
BLVV	铝芯塑料护套线	
RV	铜芯塑料软线	供交流 250V 及以下各种移动电器接线
RVB	铜芯塑料平型软线	
RVS	铜芯塑料纹型软线	
RVV	铜芯塑料护套软线	

（2）导线截面的选择

所选配的导线无论是用在室内或室外，都必须满足下面的三个基本条件：

①按导线连续允许的安全电流选择，导线所承受的负荷电流不能超过导线所能允许承载的安全电流。

②按导线允许的机械强度选择，导线必须保证不致因一般机械损伤而折断。

③按导线允许电压降选择。所选用的导线，应能保证电压质量，不因导线本身的电阻所引起的电压降落超过允许的电压损失范围。

5.2.4.6 灯具选择

一般住宅建筑和公共建筑物内多采用半直射型、漫射型灯具和荧光灯具，使顶棚和墙壁均有一定的光照，使整个室内空间照度分布比较均匀适宜。

但是，对于现代建筑来说，尤其是现代高层建筑功能复杂，照明要求各不相同，有的以艺术照明为主，有的则强调功能照明。因此，在选择照明灯具时，不能一概而论，必须根据建筑物特定环境的要求，认真考虑，合理选用。在功能上要解决好局部效率和低眩光的问题，通常采用反射或折射、漫射的方法加以控制以求达到最佳的照明效果。在灯具的选型上要与建筑装饰设计相配合，颜色要和谐，环境气氛要协调，建筑艺术要突出，装饰美化要创新，使其整个建筑空间在艺术上得到统一。因而照明艺术同其他艺术创作一样是千变万化的，只有不断地深入实际生活，开阔视野、丰富艺术想象，才能推陈出新，创造出新的意境。

照明灯具本身是一件艺术品，它集形、色、光一体，款式新颖，多姿多彩，格调不一。照明灯具要与环境气氛、建筑风格、装饰要求综合考虑、统一设计，才能取得预期的效果。这种突出建筑艺术要求且与建筑装饰有着密切关系的照明设计，称为“室内环

境照明设计”。为了便于理解和应用，下面将各类性质的建筑物的室内环境照明情况作一些介绍。

（1）别墅照明设计

别墅装饰设计不同于一般的住宅装饰设计，应有一定的个性。灯具的选择也同样要有其特殊性，做到统一主色和风格。住宅照明设计应使室内光环境实用和舒适。

卧室和餐厅宜采用低色温的光源。

起居室的照明宜考虑多功能使用的要求，如设置一般照明、装饰照明、落地灯等，有时可在起居室设置调光装置，以满足不同功能的需要。

餐厅局部照明要采用悬挂式灯具，以突出餐桌的效果为目的，同时还要设置一般照明，使整个房间有一定程度的明亮度，显示出清洁感。

厨房的灯具应选用易于清洁的类型，如玻璃或搪瓷制品灯罩配以防潮灯口，并宜与餐厅用的照明光源显色性相一致或近似。

门厅是进入室内给人以最初印象的地方，因此要明亮，灯具的位置要考虑安置在进门处和深入室内的交界处，这样可避免在访者脸上出现阴影。在门厅内的柜上或墙上设灯，会使门厅内产生宽阔感。

走廊内的照明应安置在房间的出入口、壁橱，特别是楼梯起步和方向性位置。设置吊灯时要使照明下端距地面1.9m以上。楼梯照明要明亮，避免危险。

卫生间需要明亮柔和的光线，因卫生间内照明器开关频繁，所以选用白炽灯作光源较适宜。卫生间的灯具位置应避免安装在便器或浴缸的上面及其背后。开关如为跷板式时宜设于卫生间门外，否则应采用防潮防水型面板或使用绝缘绳操作的拉线开关。厕所内的照明灯具应安装在便器的前上方。

（2）办公照明

办公的照明设计分为门厅、会议室及办公室等部分。

门厅灯具可选用吸顶灯具，不宜过分追求豪华，要营造简洁明快、安静、整洁的环境气氛。办公室或写字间，根据建筑空间的情况、室内装饰程度及办公室等级要求，可采用荧光灯光盒、吸顶荧光灯具。写字台要预留写字台灯、电脑电源插座，插座位置要紧靠办公桌，办公桌在屋子中间的应设地插座。办公室照明的设计原则是创造一个安静整洁的工作环境。会议室的照明设计，除采用吸顶灯具外，可适当地设计一些壁灯、吊灯或天棚筒灯，光线要柔和，呈现一派和谐的气氛。但不追求豪华或过分讲究富丽堂皇。

（3）餐饮空间灯具选择

吊灯、壁灯、吸顶灯、筒灯，这些都可作为餐厅灯的选择。一般房间的层高若较低，宜选择筒灯或吸顶灯作主光源。如果餐厅空间狭小，餐桌又靠墙，那就不必选择吊灯作主光源了，可以借助壁灯与筒灯光线的巧妙搭配来获得照明的需要，处理得当的话，一点也不比吊灯的美化效果弱。餐厅如果足够宽敞，选择吊灯作主光源，再配上壁灯作辅助光是最理想的布光方式。比如，将低悬的吊灯与天花板上的镶嵌灯结合，在满足空间基础照明前提下，还可以对餐桌进行局部照明。

吊灯的组合形式多样，单盏、三个一排、多个小灯嵌在玻璃板上的，还有由多个灯球排列而成的，体积大小各异。在选择餐厅吊灯时，就要根据餐桌的尺寸来确定灯具的大小。餐桌较长，宜选用一排由多个小吊灯组成的款式，而且每个小灯分别由开关控制，这样就可以依用餐需要开启相应的吊灯盏数了。如果是折叠式餐桌，那就可以选择可伸缩的不锈钢圆形吊灯来随时依需要扩大光照空间。而单盏吊灯或风铃形的吊灯就比较适合与方形餐桌或圆形餐桌搭配了。

餐厅灯在满足基本照明的同时，更注重的是营造一种进餐的情调，烘托温馨、浪漫的居家氛围，因此，应尽量选择暖色调、可以调节亮度的灯源，而不要为了省电，一味选择如日光灯般泛着冰冷白光的节能灯。

5.2.4.7　案例

案例一　办公空间照明线路设计（图 5 – 27）

设计总体情况：办公室层高 3.6m，现以办公区域为例进行照明设计。

（1）电光源及灯具的选择

办公室选用 2 ×36W 细管径直管荧光灯，电子镇流器。

（2）确定布置灯具方案和进行照度计算

灯具按与外窗平行方向分组设置。

①选择计算系数　办公室取照度 $E_{pj}=300lx$，普通办公室照明功率密度 $W=11W/m^2$。

②计算高度　办公区域层高为 3.6m，设荧光灯吊高 2.8m，工作面高 0.75m，所以计算高度 $h=3.6-0.75=3.05$（m）。

③面积计算　单开间：$S_1=7.2\times3.6=25.92$（m^2）；双开间：$S_2=7.2\times7.2\times5.4=51.84$（$m^2$）。

④采用单位容量法计算，查相关手册：$W=11W/m^2$。

⑤计算总安装容量　单开间：$S_1\times W=25.92\times11=285$（W）；双开间；$S_2\times W=51.84\times11=570$（W）

⑥计算灯具数量　单开间：285/(40 ×2) =3.56，取整数 3（40W 是灯管及电子镇流器损耗之和）；同理，双开间取 6；

实际照度均约 270lx。

（3）确定照明供电方式和照明线路的布置方式

采用 380/220 三相四线制供电。引出三条支路 L1、L2、L3，供各层使用。

（4）计算照明负荷

取荧光灯损耗系数 $a=0.2$，$K_X=0.9$，荧光灯 $\cos=0.6$，$tg=1.33$。

单开间：$P_1=0.9\times[40\times6\times(1+0.2)]=259.2$（W）；

$Q_1=0.9\times[40\times6\times(1+0.2)]\times1.33=344.7$（W）；

$S_1=431.28W$；

$I_1=S/U=431.28/220=1.96$（A）；

双开间乘 2 即可。

因各室照明方式相同，故总负荷为上面计算值乘以房间数。

（5）选择照明线路的导线和开关

依据总负荷计算支路电流，查阅相关手册选取导线，选用容量相应的空气开关。

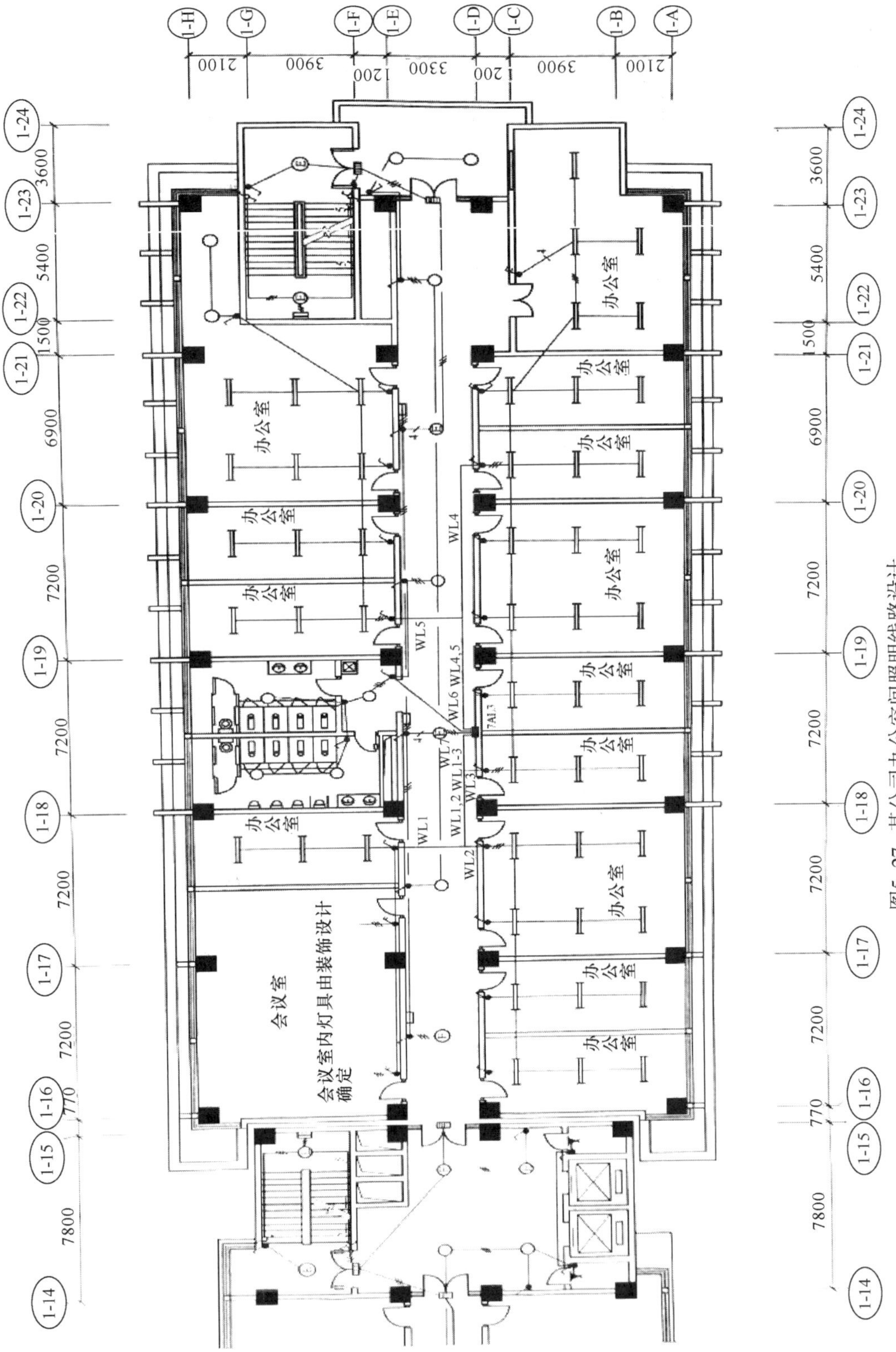

图5-27　某公司办公室间照明线路设计
（由广东华宁装饰遂宁分公司提供）

案例二　家装配电线路设计（图 5－28 至图 5－31）

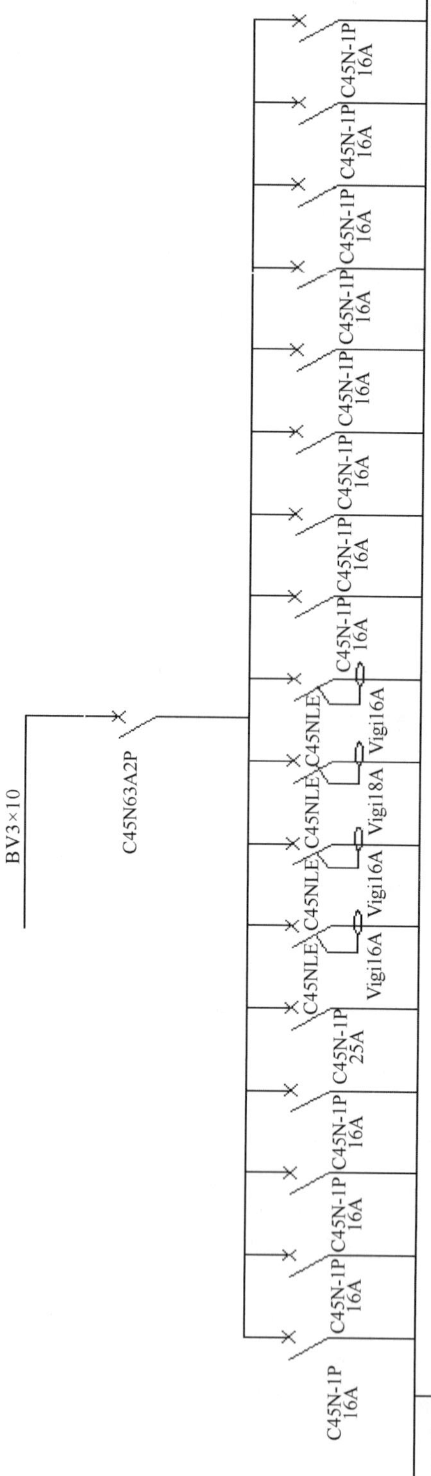

分路箱编号	AL																
分户箱型号	PZ30-24																
导线型号规格	BV-3X2.5	BV-3X2.5	BV-3X2.5	BV-3X2.5	BV-3X4	BV-3X2.5	BV-3X2.5	BV-3X2.5	BV-3X2.5	BV-3X2.5	BV-3X2.5	BV-3X2.5	BV-3X2.5	BV-3X2.5	BV-3X2.5	BV-3X2.5	BV-3X2.5
导线敷设方式	PVC1B, FC/WC	PVC1B, FC/WC	PVC1B, FC/WC	PVC1B, FC/WC	PVC20, FC/WC	PVC16, FC/WC	PVC16, FC/WC	PVC16, FC/WC	PVC16, FC/WC	PVC16, FC/WC	PVC16, FC/WC	PVC16, FC/WC	PVC16, FC/WC	PVC16, FC/WC	PVC16, FC/WC	PVC16, FC/WC	PVC16, FC/WC
回路编号	WP1	WP2	WP3	WP4	WP5	WX1	WX2	WX3	WX4	WL1	WL2	WL3	WL4	WL5			
负荷名称	空调插座					插座				照明					备用		
备注																	

图5-28　某住宅配电箱图

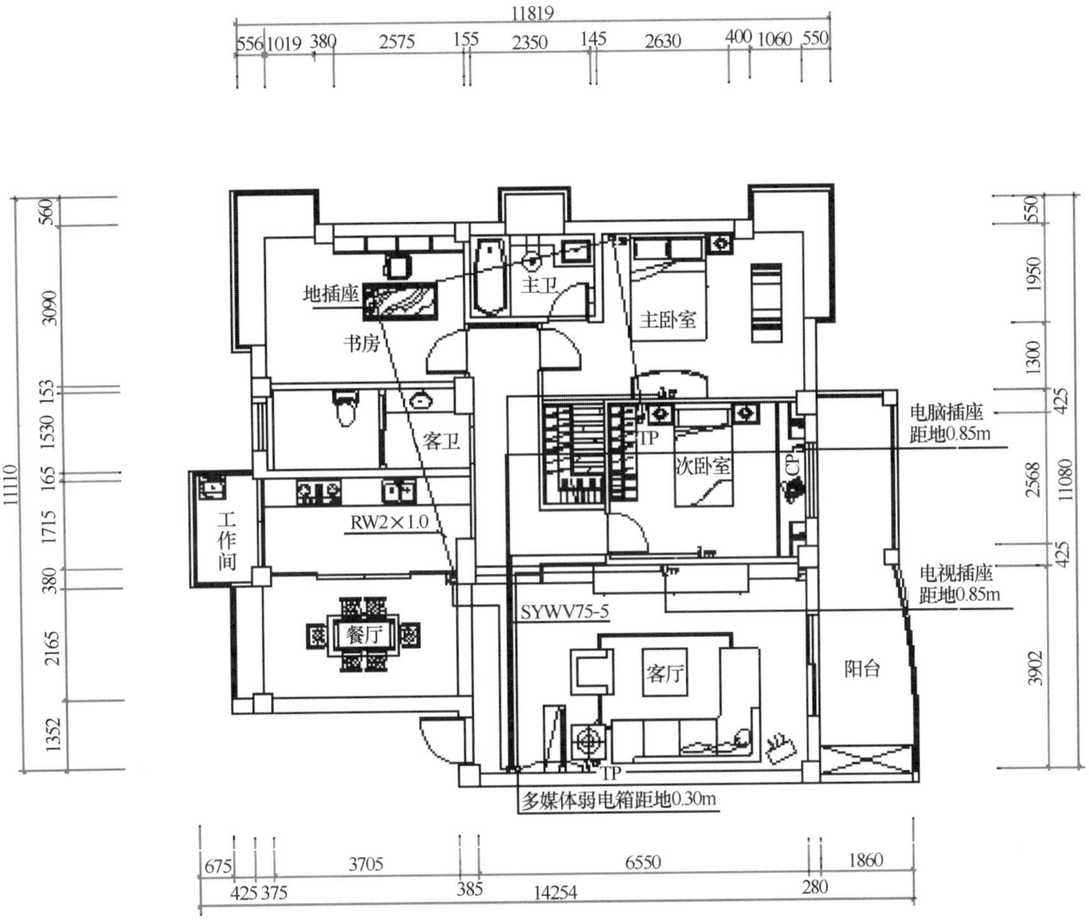

图 5－29　某住宅弱电图

（1∶80，由广东华宁装饰遂宁分公司提供）

设计注意事项：

（1）需要单独设置专线的地方

空调、厨房、电热器、卫生间取暖器、电热水器。

（2）模块需求

门铃、报警、宽频电视、宽带（1 根线）、电话（2 根线），电话线、电脑线尽量留 2 根，电话线也用电脑线代替。

（3）明确空开负荷量

16A——实际控制在 1500W 内，普通照明适用；

20A——实际控制在 2000W 内，一般电视音响、电视适用；

25A——实际控制在 2000W 内，3P 空调适用；

32A——实际控制在 3000W 内，4P 空调适用；

40A——实际控制在 4500W 内。

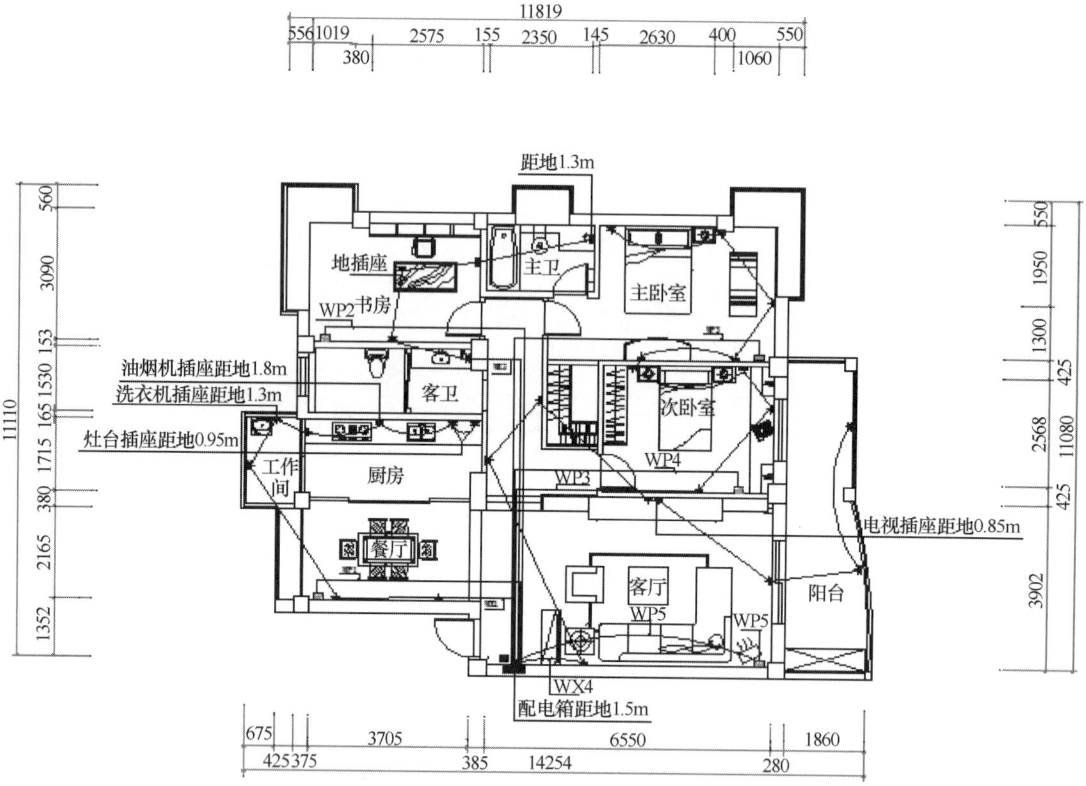

图 5－30　某住宅插座图

（1∶80，由广东华宁装饰遂宁分公司提供）

总结：入户总空气开关 60A，照明 10A，空调插座 40A，其他的全用 25A。冰箱需要配一个独立的低压开关的。

（4）电线的选择

强电导线的要求：

①绝缘良好的单股铜芯导线。

②电线最好选用熟胶线包裹的，耐腐蚀性强。

③劣质的铜芯尺寸往往比正规厂的尺寸小，而外包绝缘皮厚。

④真线外皮包得紧，用手搓外皮不会转动，假线外皮与铜导线会脱离。

⑤注意检查导线质量。

⑥火线“红色”，零线“蓝色”，地线“黄绿相间”（俗称花线）。

（5）电路线径计算

进户线 $10mm^2$，照明线 $1.5mm^2$，普通插座 $2.5mm^2$，空调线 $4mm^2$。厨房、卫生间用电较多且功率大，所有插座及浴霸电线最好都用 $4mm^2$ 以上。

（6）终端面板安装注意事项

①插座　应尽量多考虑插座的位置；大功率电器如电烤箱、柜式空调等插座通常底

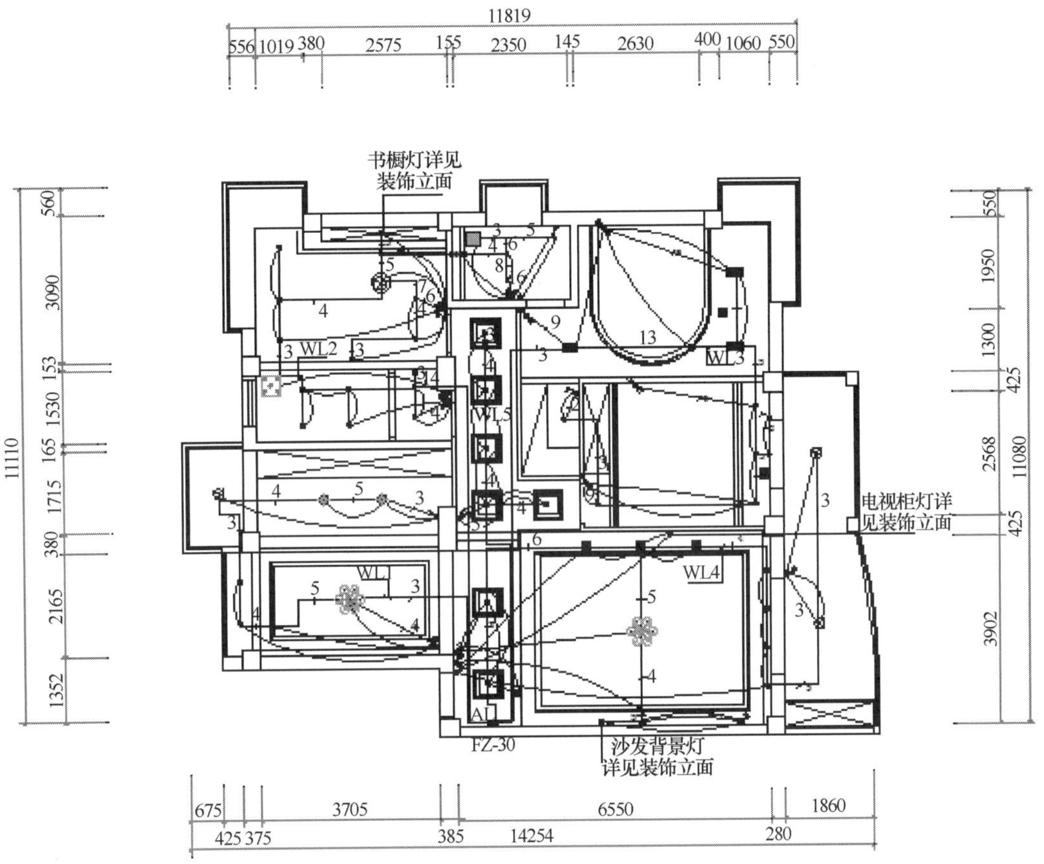

图 5-31　某住宅照明图

（1:80，由广东华宁装饰遂宁分公司提供）

边距地宜为 300mm；挂壁空调插座底边高 1900mm，电视机插座底边高 650mm；脱排插座底边高 2100mm，厨房插座底边高 950mm；挂式消毒柜插座底边高 1900mm，洗衣机插座底边高 1000mm。

②开关　底边距地宜为 1300mm，不要装在门背后。

空调的控制开关只能在电源端，在线路上是不允许加的。

③区隔　电源线及插座与电视线及插座的水平间距不应小于 500mm。

（7）电线穿线、接线

①同一回路电线应穿入同一根管内，但管内电线不应超过 4 根。管内导线的总截面积不应超过管内径截面积的 40%。

②应该等到 PVC 管安装好后，再统一穿电线。

③穿入配管导线的接头应设在接线盒内，线头要留有余量 150mm。

④接线应该是先进行刷锡，然后再用胶布缠绕 7 圈，绝缘带包缠应均匀紧密。

⑤管内穿线应分色。火线为红色，零线为蓝色或黑色，接地线为黄绿相间双色线。

⑥面向插座，上零下火或左零右火，接地为 2.5mm^2 的双色软线。

⑦连接开关、螺口灯具时，应该相线先接开关。

⑧有的不规范的施工不穿地线（用 DN15 管，地线根本穿不进去），这是绝对危险的。对于金属外壳的电器来讲，一旦漏电，就有巨大的危险和不可估量的损失。

⑨电暖器安装不得使用普通插座，不得直接装在可燃构件上。

⑩卫生间插座安装防溅盒。

⑪在走线的位置做出标记。开槽埋线后，封墙前，拍照片留证（特别是厨卫）。

完工后给出完整电路图，方便日后维修。

（8）插座数量的需求

①门玄关 电源插座 1 ~ 2 个，对应将来烘鞋机或用电扇通风鞋柜。门内侧预留对讲器或门铃线口；门顶部预留报警线口（烟感，红外报警线）。

②大客厅 电视机的插座位置注意在电视机侧边，不是背后。空调插座尽量接近将来的空调位置，免得看到过长的电源线。沙发边沿预留电话线口，电话旁预留插座以利于将来装子母机。沙发周围插座应≥2 个，对应饮水机、暖茶壶、落地灯等。餐桌边缘或底下装≥2 个电源接线口，以对应电饭锅、火锅、取暖器。

③卧室 床头柜上方要安装 5 孔带开关的插线板。电话插座要预留在床头柜的上方或侧方。床头墙壁安装 2 个带开关插座，对应台灯、手机充电、笔记本、电热毯等。梳妆台上方预留带开关的插座，以对应梳妆灯、吹风机等。

④书房 写字台上方安装五孔插座、电脑插座、电话插座等。书架处预留 1 个插座，以对应落地台灯、咖啡机等。写字台下方预留插座 1 ~ 2 个，以备电脑配套设备电源用。

⑤厨房间 在不同部位预留插座，一定要稍有富余。电源接口距地不得低于 50cm，避免因潮湿造成短路。抽油烟机插座 1 个，设在抽油烟机围板两侧距地 2. 15m 处。冰箱处 1 个，设在冰箱左侧距地 1. 3m 处，以对应冰箱或微波炉。料理台处≥3 个，以对应消毒柜、微波炉、电饭煲等。水槽上方≥1 个，以对应电热水箱；水槽下方≥1 个，以对应将来的净水器；门框上方≥1 个，对应将来煤气报警器。

⑥卫生间 插座装防溅盒，装在不易受到水浸泡的部位，如电热水器上侧。面盆附近留下 2 ~ 3 个插座以对应电吹风、电水壶等。面盆下的橱柜里面留 1 个。坐便器旁边 1 个，以对应将来取暖。镜前灯：可以留个线头，也可以留插座。电话插座一定选在坐便器左右，否则就没有安装的意义了。

⑦阳台 插座≥2 个，对应洗衣机、烘干机。照明灯应设在不影响晾衣物的墙壁上，开关应装在与阳台门相连的室内，不应安装在阳台内。

（9）墙面开槽、挖暗盒孔注意事项

①房屋内的承重墙是不允许开槽的。

带有保温层的墙体在开槽之后，很容易在表面造成开裂；在地面开槽，更要小心不能破坏楼板，给楼下的住户造成麻烦。插座或者开关很难紧靠墙角，那里通常都是钢筋水泥浇筑的，不能刨槽。承重墙上如需安装暗盒，可以打掉批荡层，不能破坏内面钢筋结构。

②各种电路都应该分开开槽走线，相互间不破坏。

③线槽应该横平竖直，这是为了以后电路检修时清楚埋的电管位置。

④吊灯自重 3kg 以上，先在顶板装后置埋件，再将灯具固定上，严禁装在木楔木砖上。

思考与练习

1. 简要说明如何识读建筑给排水工程施工图。
2. 建筑装饰给排水系统的主要组成有哪些？
3. 中央空调系统的主要组成是什么？
4. 室内低压配电线路中，导线截面的选择主要考虑因素有哪些？
5. 简述装饰照明中如何根据房屋照度要求选择计算确定灯具类型及电功率。
6. 简述室内灯具的布置方法。

参考文献

[1]张月．室内人体工程学[M]．北京:中国建筑工业出版社，2005.

[2]苏丹．住宅建筑装饰设计[M]．北京:中国建筑工业出版社，2005.

[3]张绮曼，郑曙辉．室内设计资料集[M]．北京:中国建筑工业出版社，2005.

[4]严煦世．给水工程(第四版)[M]．北京:中国建筑工业出版社，1999.

[5]孙慧修．排水工程上册(第四版)[M]．北京:中国建筑工业出版社，1999.

[6]张自杰．排水工程下册(第四版)[M]．北京:中国建筑工业出版社，2000.

[7]王增长．建筑给水排水工程[M]．北京:中国建筑工业出版社，1998.

[8]严煦世．给水排水工程快速设计手册(第1册)给水工程[M]．北京:中国建筑工业出版社，1995.

[9]于尔捷．给水排水工程快速设计手册(第2册)排水工程[M]．北京:中国建筑工业出版社，1996.

[10]陈耀宗．建筑给水排水设计手册[M]．北京:中国建筑工业出版社，1992.

[11]黄晓家．自动喷水灭火系统设计手册[M]北京:中国建筑工业出版社，2002.

[12]聂梅生．水工业工程设计手册—建筑和小区给水排水[M]．北京:中国建筑工业出版社，2000.

[13]黄铁兵．民用建筑电气照明设计手册[M]．北京:中国建筑工业出版社，2011.

[14]GB 50352—2005 民用建筑设计通则[S]．北京:中国建筑工业出版社，2005.

[15]GB 50222—1995 建筑内部装修设计防火规范(2005 年版)[S]．北京:中国建筑工业出版社，1995.

[16]GB 50210—2013 建筑装饰工程施工质量验收标准[S]．北京:中国建筑工业出版社，2013.

[17]GB/T 50104—2001 建筑制图标准[S]．北京:中国建筑工业出版社，2001.

[18]GB 50034—2004 建筑照明设计标准[S]．北京:中国建筑工业出版社，2004.

[19]JGJ 64—1989 饮食建筑设计规范[S]．北京:中国建筑工业出版社，2004.

[20]GB 50054—2011 低压配电设计规范/中华人民共和国国家标准[S]．北京:中国建筑工业出版社，2011.

[21]中国建筑标准设计研究院．全国民用建筑工程设计技术措施(给水排水)[M]．北京:中国计划出版社，2009.

[22]北京市市政工程设计研究总院．给水排水设计手册(第3册)城镇给水(第二版)[M]．北京:中国建筑工业出版社，2004.

[23]北京市市政工程设计研究总院．给水排水设计手册(第4册)工业给水处理(第二版)[M]．北京:中国建筑工业出版社，2004.

[24]北京市市政工程设计研究总院．给水排水设计手册(第5册)城镇排水(第二版)[M]．北京:中国建筑工业出版社，2004.

[25]北京市市政工程设计研究总院．给水排水设计手册(第6册)工业排水(第二版)[M]．北京:中国建筑工业出版社，2004.

[26]众为国际．办公空间设计[M]．北京:机械工业出版社，2013.

[27]王绍强．创意办公空间设计[M]．北京:中信出版社，2012.

[28]师高民．商业办公空间设计[M]．北京:科学出版社，2011.